U0228990

家庭蔬菜
无土栽培技术

徐卫红　主编

王宏信　邓正正　副主编

（彩图版）

化学工业出版社

·北京·

内容简介

本书为介绍家庭蔬菜无土栽培的通俗读物，汇集了近年来新研发的、适合家庭蔬菜无土栽培的新配方、新方法和新技术。全书共分为两篇：上篇主要介绍了家庭无土栽培的特点、主要形式，家用商品营养液的种类、保存和使用方法，栽培固体基质的主要种类，适合家庭无土栽培的复合基质的成分比例和混合配制，主要栽培设备以及家庭无土栽培育苗技术、家庭无土栽培蔬菜病虫害防治等；下篇详细介绍了瓜类、绿叶类、茄类、芽苗类等常见蔬菜的家庭无土栽培实用技术。

本书采用彩色印刷，图文并茂、语言通俗，可读性较强，书后附有现代无土栽培常用营养液配方和主要蔬菜营养液配方，可供家庭蔬菜无土栽培爱好者阅读参考。

图书在版编目（CIP）数据

家庭蔬菜无土栽培技术：彩图版/ 徐卫红主编. —
北京：化学工业出版社，2022.6
ISBN 978-7-122-41231-7

I. ①家… II. ①徐… III. ①蔬菜-无土栽培 IV.
①S630.4

中国版本图书馆CIP数据核字（2022）第063445号

责任编辑：张林爽
文字编辑：张春娥
责任校对：田睿涵
装帧设计：关　飞

出版发行：化学工业出版社
　　　　　（北京市东城区青年湖南街13号　邮政编码100011）
印　　装：河北京平诚乾印刷有限公司
880mm×1230mm　1/32　印张4¾　字数127千字
2022年9月北京第1版第1次印刷

购书咨询：010-64518888
售后服务：010-64518899
网　　址：http://www.cip.com.cn
凡购买本书，如有缺损质量问题，本社销售中心负责调换。

定　　价：39.80元

前言

现代城市化进程越来越快，人们的生活水平逐渐提高，饮食健康已成为城市人关注的热点之一。城市中的高楼大厦充满阳光的阳台或楼顶可为人们提供拨弄花草蔬菜的良好场地，而鲜嫩无公害的蔬菜可让家庭成员品得更有味、吃得更放心，同时还能享受自己劳动成果的醇美。所以说，阳台或楼顶的蔬菜瓜果生产，既美化了环境，也绿化了城市，小气候环境优化体现了人与自然的和谐，为城市文明乃至和谐社会的建设作出了贡献。

本书为介绍家庭蔬菜无土栽培方法的通俗读物，主要介绍了：家庭无土栽培的主要形式，固体基质的主要种类，营养液使用方法，育苗技术，病虫害防治以及家庭无土栽培的主要设备等，同时也详细描述了瓜类、绿叶类、茄类、芽苗类等常见蔬菜的家庭无土栽培实用技术。书中既展现了无土栽培的基本知识，又包括了实用的栽培技术和近年来在家庭蔬菜无土栽培方面的新研究成果。在编写中注意由浅入深，程度适中，图文并茂，语言通俗。书中也详细介绍了现代无土栽培常用营养液配方和主要蔬菜营养液配方，非常适合家庭蔬菜无土栽培爱好者阅读参考。

本书上篇由徐卫红（西南大学）、邓正正（辽宁生态工程职业学院）、赵婉伊（西南大学）编写，下篇由王宏信（海南大学）、胡晓婷（西南大学）、黄贺（西南大学）编写。

本书在编写中，尽管编者力求避免错误和不足，主编也力求各章内容的准确和协调，但由于水平所限、时间仓促，书中难免还有疏漏或不妥之处，还请相关专家惠予指正，同时也希望广大读者在使用过程中随时提出宝贵意见，以便及时补遗勘误。

编者

2022年2月于重庆北碚

目录

上篇

第一章

概 述

第一节　家庭无土栽培的作用和特点

一、家庭无土栽培的作用

无土栽培是指不用天然土壤，而用营养液或者营养液加固体基质栽培作物的方法。在作物生长的整个生命周期中，无土栽培装置完全可以代替土壤为作物提供良好的水、肥、气、热等根际环境条件，无土栽培所用的营养液能够供给蔬菜生长需要的各种营养物质，同时还可根据蔬菜不同生长阶段的需求进行调整，更有利于蔬菜的生长发育。无土栽培的蔬菜不仅产量高，而且品质好，其洁净、细嫩、无公害，为绿色食品。

现代城市居民长期处于快节奏的生活方式中，闲暇之余更加渴望回归自然，感受悠闲平淡的田园生活。而且农产品的农药残留以及滥用激素等问题也引发了人们对农产品安全问题的担忧。而家庭蔬菜无土栽培是利用空闲房屋楼顶、平台和庭院等种植蔬菜（图1-1），这样收获的农作物不仅使得城市人民能吃到自己种植的无公害鲜菜，而且还能增加家庭种植爱好者的生活乐趣，既可绿化城市空间，又能改善城市环境小气候，提高空气质量，利于城市环保。

图1-1　家庭蔬菜无土栽培示意图

二、家庭无土栽培的特点

（1）家庭蔬菜无土栽培，不施有机肥或配制的有机复合肥，只用营养液或基质＋营养液种植蔬菜，因此环境清洁、无异味、不滋生蚊蝇、无地下害虫和土传病害。

（2）适合家庭无土栽培的基质体轻且栽培设施和器皿小，搬动轻便，更换基质容易，技术简单。

（3）家庭蔬菜无土栽培，设施简单，投资少，像养花一样，基质用量少，消毒容易，可以连续使用（图1-2）。

图1-2　家庭无土栽培设施

（4）家庭蔬菜无土栽培的废液可以再利用，不存在污染环境问题。

（5）家庭蔬菜无土栽培所用营养液多为通用液，使用方便简单，便于普通市民掌握操作技术。

（6）家庭无土栽培场所主要包括阳台、窗台、客厅、天台、庭院等。

① 阳台　阳台是蔬菜无土栽培选择较多的地方之一（图1-3）。阳台适合种什么菜，要根据阳台本身的朝向、阳台的空间大小以及阳台的环境条件来决定。每一种蔬菜都有它合适的栽培环境。因此，要想在阳台种菜成功，首先要考虑的是阳台所能提供的环境条件是否可以满足所要种植蔬菜的要求，然后再看个人的喜好。阳台种菜，南北方也有差异，对于南方来说，朝阳的阳台，光照比较充足，只要空间足够大，一年四季都可以种植喜温的瓜果类；一些喜冷凉的叶菜类以春、秋、冬三季种比较好，如小白菜、菜心、芹菜、香菜等；有些耐热的蔬菜也可以在夏季种，如苋菜、空心菜等。对于北方来说，则只能在夏季种喜温果菜类，如果想冬天种植则必须有加温设施。

图1-3　家庭阳台无土栽培

② 窗台　如果家庭居室的窗台很宽，也可以用来种菜，但窗台种菜一般应选择一些植株较矮的、生长期短的速生蔬菜，以防高大植

株遮挡阳光，影响室内光照（图1-4）。室内窗台不宜摆放过多蔬菜，多以绿叶菜为主，如小白菜、小萝卜等。

图1-4　家庭窗台无土栽培蔬菜

　　③ 客厅　客厅的茶几和角落或落地窗旁边，均可以种菜（图1-5）。一般客厅阳光不会太足，以种植耐阴的蔬菜为好。种植种类也不宜太高大，否则会使客厅显得拥挤。可种植一些耐弱光的绿叶菜（如芹菜、荠菜等），也可以采用能补光的家庭蔬菜种植机（图1-6），除供食用外，还可以置茶几上观赏。

图1-5　家庭客厅无土栽培蔬菜

图1-6　能补光的家庭蔬菜种植机

④ 天台（楼顶或屋顶）　只有住顶楼的居民才可能有天台。天台因为光温充足，可以开辟成真正意义上的小菜园（图1-7），在其上可种植的蔬菜种类也最多。天台一般阳光都会很充足。南方的天台一年四季可种菜，蔬菜种类可根据季节来选择，如果天台足够大，可以在其上种植任何种类的蔬菜，布局上可以根据植株的高矮、颜色来进

图1-7　家庭屋顶无土栽培蔬菜

行搭配。北方的天台，冬天因为天气冷、温度低，只能在春、夏、秋季应用，最主要的种植季节是夏季。

⑤ 庭院　居住在平房和楼层较低的居民，房前屋后如果有空地，则可开垦成小菜园，既可美化环境，又可收获新鲜的蔬菜，可谓亦食亦赏，使生活充满乐趣（图1-8）。庭院种菜也要根据空地的大小、朝向来确定，菜地要离居民窗户有一段距离，以防遮挡室内光照。如果是南向的空地，可种植喜光的蔬菜；如果空地处于阴面，则以种植耐阴的蔬菜为主。如果空地较大，可多选择一些蔬菜种类，以植株高矮和采收期进行搭配。如果空地较小，则以种植矮生的蔬菜为主。不宜在紧靠窗边的地方种植高大的蔬菜。

图1-8　庭院无土栽培蔬菜

第二节　家庭无土栽培的发展现状和存在的主要问题

现在很多城市居民开始利用自家的阳台、天台和院子等空地种植一些瓜果蔬菜，建立城市中的菜园，也是属于自家的菜园。阳台菜园不仅仅是主妇手中的菜篮子、孩子手中的科普书、老人锻炼怡情的好地方，也是居室的加湿器和空气调节器。

一、家庭无土栽培的发展现状

阳台菜园等家庭蔬菜栽培地建立在现代化装修的家居里，土壤栽培往往不适用于家庭种植，原本在工厂化生产中应用的基质栽培和水培被应用到家庭阳台菜园中。目前，针对家庭阳台菜园的栽培设施常用的有立柱式（图1-9）、壁挂式（图1-10）和梯架式（图1-11）等几类。充分利用空间上的位置，能够在面积受局限的情况下栽培足够多的蔬菜，且利用泵输送营养液，有些还加上了人工智能系统，能够实现营养液的定时输送补充，只需在收获的时候收菜即可。

较适合在阳台菜园进行培植的蔬菜包括叶菜类、瓜果类、茄果类等。而其中最适宜培植的瓜果类蔬菜是黄瓜，因为黄瓜的生长时间很短，最早的品种大概70天就能摘取；番茄（西红柿）则是最适合在没有泥土的条件下在阳台上培植的茄果类蔬菜，特别是樱桃小番茄，虽然其生长时间相对较长，但是其花果特别多，因此在花开的时候可以作为观赏花欣赏，而在结果的时候又可以摘下来食用；较适宜在阳台上培植的叶菜类蔬菜，当之无愧的应该是芹菜与韭菜。

图1-9　立柱式

图1-10 壁挂式

图1-11 梯架式

二、家庭无土栽培存在的主要问题

1. 营养液的储液池设计、布局、安装等问题

营养液的储液池封闭性较差，甚至一些水培设施直接在地表安装

使用，不采取地表隔离与净化措施，这可能会造成栽培系统污染，并且水培槽、定植板的连接性、封闭性较差，昆虫、病菌、尘土易进入根际环境而污染营养液，而管道式水培存在清洗、消毒难度大以及操作不方便等问题，会导致根系受害却不能及时清理作物根际，病虫害一旦发生，即具有毁灭的风险。

目前的营养液消毒方法主要包括高温消毒、氧化剂消毒、紫外线消毒及过滤消毒等。经对比研究后发现，紫外线消毒是其中最适合用来配合阳台无土栽培的消毒方法，在储存营养液的装置中加装紫外线灯进行消毒就可以很好地控制和消除由外界进入的植物病害，从而解决病害难题。

2. 家庭无土栽培设备及配件选材等问题

目前家庭无土栽培使用的营养液循环泵、供回液管路及配件选材不合理、易腐蚀，影响营养液的化学性状，进而对作物根系造成毒害，影响产品的产量和品质，并且设施的寿命也短。家庭阳台种植大多采取深液流水培、漂浮深水培，但在夏季高温季节，根系容易发生缺氧腐烂的现象。

3. 光照、水分等环境问题

阳台种植时光照是影响植物生长的重要因素之一。植物的生长依靠有机物的积累，即使是弱光性蔬菜，其光补偿点也在15000 lx左右、光饱和点为30000 ~ 50000 lx。在逆境光照条件下，蔬菜的生理生化特性会发生相应的变化，如过氧化物酶（POD）和过氧化氢酶（CAT）的活性以及膜脂过氧化物（MDA）和叶绿素的含量都会发生变化。而且蔬菜叶绿体的超微结构遭到较大的破坏，其类囊体膜上附着的光合碳循环中的关键酶Rubisco含量下降。因此，在弱光下蔬菜的各项生理生化反应均遭到严重破坏，其生长受到抑制，主要表现为植株矮小、根冠比扩大、无侧根，且根尖缺乏根毛，有的甚至直接死亡，因此，在弱光条件下蔬菜的产量无法满足家庭正常食用的需要。

为解决阳台农业立体栽培系统的自动补水、补光问题，研究人员设计开发了基于STM32 F103微控制器的立体栽培架自动控制系统，实现了硬件和软件结合的自动补水与补光控制（图1-12）。测试结果表明，该控制系统可以通过时钟较好地实现人工定时的准确精量补水、补光控制，其精确度可达到毫秒级，最终达到栽培架中营养液水分的补充及植物需光有效补给的目的。

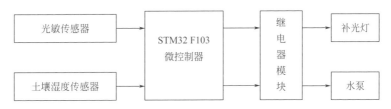

图1-12　立体栽培架自动控制系统结构示意图（陈娜等，2014）

4. 前期投入和日后管理等问题

针对前期投入和日后管理，在阳台上进行蔬菜种植的成本较高。目前市场上销售的家庭无土栽培设施中，梯形管道和圆形管道的价格达100 ~ 500元，用一个可种50株左右的水培架进行无土栽培，所用的营养液每月也需几十元，如果在阳台上做到既能储物又能种植蔬菜且美观整洁一体，则需花费更多的人力、物力和财力，同时，对于开放式和半开放式阳台，果蔬受气候的影响较大，不易管理，维护费用也会较高。

第三节　家庭无土栽培的发展方向及其展望

利用空闲房屋楼顶、平台和庭院等种植蔬菜的家庭蔬菜无土栽培，既让家中增加了绿意，让人们在紧张工作之余，放松了心情，缓解了压力，又可以自己动手种出安全绿色的蔬菜，改善城市的"热岛效应"。

一、家庭无土栽培的发展趋势

1. 经济性

阳台菜园的目标是走向普通家庭，虽然降低设施投入成本非常必要，但绝不能因追求栽培设备的低廉而忽视生产的实用性，未来的发展重点是通过设施工程手段降低无土栽培的劳动强度，简化种植管理的操作程序，通过无土栽培技术手段，使作物生长更健壮，产量、品质和商品性显著提高，达到观赏和食用的双重目的，从而体现出隐藏的经济价值。

2. 多功能性

在家中种植蔬菜不能像温室大田那样，因为阳台是家的重要组成部分，人们既要保持它的整洁还要保证它的美观，因为居民住宅中的阳台也是休闲、储物的重要空间，把阳台蔬菜的栽培设施和居民的休闲、储物空间完美结合（图1-13），并保证整洁美观，是将阳台菜园理念推向大众居民的关键。

图1-13　阳台蔬菜栽培与休闲相结合

3. 实用性

经济迅速发展的今天，人们大多忙于自己的事业与生活，阳台菜园要向大众推广，必然要考虑到它的可操作性。许多蔬菜不同于花卉，管理难度较大，在一些关键生长期一旦出现管理不善就会影响果蔬的品质和产量，因此，轻简高效的无土栽培设施、适宜的营养液、适合家庭无土栽培的优良抗病品种以及简易、方便、科学的管理方法是阳台菜园发展的首选。

研发新型的无土栽培设备是降低阳台菜园前期投入与后期管理成本的根本办法，这需要人们去研发经济有效的材料来制作无土栽培设备，同时找到合适的无土栽培基质或营养液来培植果蔬，这也是高效家庭蔬菜无土栽培今后的发展趋势之一。

二、展望

由于现代人迫切希望在家庭的居住环境里增添绿色、天然的自然生态元素，保证在繁杂的工作和生活中能够与自然有一定的接触，以此来抚平日常烦躁、忧虑或者不安的负面情绪，家庭阳台菜园应运而生。从简单的种植模式到越来越多的企业发现商机，并开发相关的产品和服务，阳台菜园也逐渐被更多的人所了解和认同。从现在各大、中城市阳台花园的发展来看，其作为一种新兴的农业模式发展起来已经势不可当。

家庭无土栽培主要形式

家庭蔬菜无土栽培有以下几种方式。

（1）按基质种类分可分为水培（图2-1）、雾培（图2-2）和固体基质（图2-3）栽培三种，固体基质又可分为有机基质和无机基质两种。有机基质栽培方式可分为锯末栽培方式、草炭栽培方式、稻壳炭栽培方式等；无机基质栽培方式可分为蛭石栽培方式、珍珠岩栽培方式、人工砾栽培方式等。水培和雾培方式的"水"是营养液而不是水。

图2-1　水培

图2-2 雾培

图2-3 固体基质栽培

（2）按设施种类分为盆栽方式（图2-4）、槽栽方式（图2-5）和立体栽培方式（图2-6）。

图2-4　盆栽

图2-5　槽栽

图2-6　立体栽培

（3）按营养液流动形式分为循环水培（图2-7）、非循环水培（图2-8）、滴灌培（图2-9）、喷灌培（图2-10）、渗灌培（图2-11）、营养液膜（NFT）浅液流栽培方式（图2-12）和NR深液流栽培方式（图2-13），还有浮板栽培方式（图2-14）等。一般适合家庭蔬菜无土栽培的方式主要为水培和固体基质栽培。

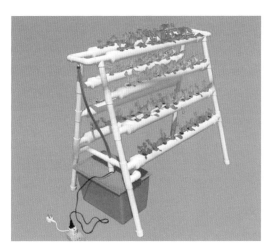

图2-7　循环水培

图2-8　非循环水培

图2-9　滴灌培

图2-10 喷灌培

图2-11 渗灌培

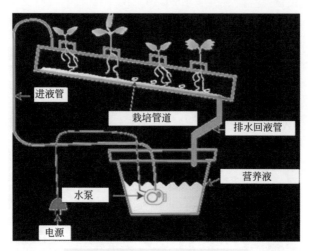

图2-12　NFT浅液流栽培

图2-13　NR深液流栽培

图2-14 浮板栽培

第一节 水培

一、商品营养液的种类

水培（图2-15）是指植物部分根系悬挂生长在营养液中，而另一部分根系是裸露在潮湿空气中的一类无土栽培方法。营养液配方组成和浓度控制是无土栽培生产中的重要技术环节。它不仅直接影响到作物的生长，而且也涉及到经济而有效地利用养分的问题。目前无土栽培所用的营养液配方繁多，并且有许多配方经过多年实践已经逐步商品化。

1. 材料种类

营养液是无土栽培作物根系营养的主要来源，必须含有植物生长发育的必需元素，保证蔬菜有较高产量。必需元素有16种，其中C、

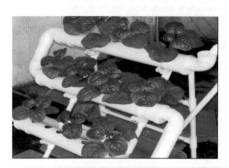
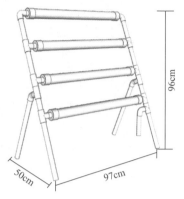

图2-15 家庭水培示意

H、O主要由CO_2和H_2O提供，S和Cl需要量很少，它们在肥料和水分中的含量已足够植物需要，无需另外再补。因此，无土栽培必需元素只有11种，其中的N、P、K、Ca、Mg需要量较大，称为大量元素；B、Mn、Cu、Zn、Fe、Mo需要量较小，称之为微量元素。在这11种必需元素中，大量元素的比例要符合植物的生理规律。如黄瓜对N、P、K、Ca、Mg的吸收比例是1：0.38：1.67：1.45：0.33；番茄是1：1.26：1.88：0.81：0.18；辣椒是1：0.19：1.27：0.43：0.15；茄子是1：0.24：1.54：0.36：0.15；西葫芦是1：0.24：1.20：1.10：0.22。

提供大量元素和微量元素的肥料以化学肥料为主，要求具有以下特点：①具有很好的溶解性，在水中为根部可以直接吸收的；②溶于水呈离子状态；③肥源纯度要高，含量稳定；④不含有害物质；⑤在符合配方要求的前提下应尽量减少肥源，如要提供N、P、K、Ca、Mg元素，常用的肥源只有4种，即硝酸钙、硝酸钾、磷酸二氢钾和硫酸镁；⑥有些微量元素还要考虑离子的有效性，如$FeSO_4$中的Fe^{2+}不稳定，易发生氧化还原反应，氧化态铁植物可以吸收，还原态铁对植物有毒害作用，因此供给植物铁离子，应选择螯合态铁（Fe-EDTA），这种螯合态铁性质比较稳定。

现在世界上有成百上千个营养液配方，并且都在不同地区的无土栽培中获得了满意的结果，但不能说有哪一个是适合无土栽培的最佳配方。由于作物和环境条件的不同，很难配制出一种通用的营养液。通常，合适的无土栽培营养液配方应当提供满意的总离子浓度，维持营养液的平衡。表2-1和表2-2列出了蔬菜无土栽培营养液中营养元素可接受的浓度。

2. 购买或取材途径

目前，商品化的无土栽培蔬菜营养液仍然较少，许多地方可能购买不到。各省市科研单位或县农科所、蔬菜科研生产基地有些已开始进行蔬菜无土栽培，在那里可以买到合适的营养液。根据发展情况来看，不久蔬菜无土栽培营养液也会和花卉营养液一样，在各花卉市场有出售。但要防止假冒伪劣产品，一次购量要少，并且要适合蔬菜生长。也可采用家庭自己配制营养液。

表2-1　营养液中可接受的营养元素的浓度

单位：mg/L

元素	营养液中的浓度	
	范围	平均
氮	150～1000	300
钙	300～500	400
钾	100～400	250
硫	200～1000	400
镁	50～100	75
磷	50～100	80
铁	2～10	5
锰	0.5～5.0	2
硼	0.5～5.0	1
锌	0.5～1.0	0.75
铜	0.1～0.5	0.25
钼	0.001～0.002	0.0015

表2-2　营养液及所含成分的浓度范围

成分	单位	最低	适中	最高
营养液	mg/L	1000	2000	3000
	mmol/L	20	35	60
	mS	1.38	2.22	4.16
硝态氮	mmol/L	4	16	25
	mg/L	56	224	350
铵态氮	mmol/L	—	—	4
	mg/L	—	—	56
磷	mmol/L	0.7	1.4	4
	mg/L	20	40	120
钾	mmol/L	2	8	15
	mg/L	78	312	585
钙	mmol/L	1.5	4	18
	mg/L	60	160	720
镁	mmol/L	0.5	2	4
	mg/L	12	48	96
硫	mmol/L	0.5	2	45
	mg/L	16	64	1440
钠	mmol/L	—	—	10
	mg/L	—	—	230
氯	mmol/L	—	—	10
	mg/L	—	—	350

3. 投资预算

　　营养液是无土栽培最主要的一项成本，但是投资不多。家庭无土栽培用液量少，即使是生育期长（5～6个月）的瓜果类蔬菜，以番茄为例，用液量为25kg左右，按1kg 0.4元人民币计，共10元，可以生产5kg左右的产品。如生产叶菜类，生长期短，用液量则更少。家庭简易立体循环水培的废液还可以用于固体基质栽培，更不存在废液污染环境的问题。总之，投资量是很少的。

二、商品营养液保存

蔬菜无土栽培高倍浓缩液贮存时间长短主要看所用肥料纯度。如果仅用普通化肥，就很难贮存较长时间，因为化肥的纯度可能有问题，成分含量不准，就会影响到营养液的质量，配制当时就能发生浑浊或沉淀，更不用说贮存了。购买营养液要看生产单位是否可靠，一般优质稀释液（栽培液）置于阴凉处可保存2～4个月。

三、商品营养液的使用方法

1. 液体营养液的使用方法

商品液体营养液一般根据要求按实际需要比例稀释使用即可。合格的由平衡营养液配方配制成的商品营养液应该不会产生难溶性物质沉淀。但任何一种营养液配方都必然潜伏着产生难溶性物质沉淀的可能性。因营养液必然含有钙、镁、铁、锰等阳离子和磷酸根、硫酸根等阴离子，这样配制过程掌握得好就不会产生沉淀；相反，掌握得不好就会产生沉淀。配制时应运用难溶性电解质溶度积法则来指导，以免产生沉淀。

生产上配制营养液一般分为浓缩贮备液（也叫母液）和工作营养液（或叫栽培营养液，即直接可以用来种植作物）2种。前者是为了方便后者的配制而设置的。

（1）浓缩贮备液　配制浓缩贮备液时，不能将所有营养盐都溶解在一起，因为浓缩了以后容易形成沉淀。所以，一般将浓缩贮备液分成A、B、C三种，分别称为A母液、B母液及C母液。

A母液以钙盐为中心，凡不与钙作用而产生沉淀的盐都可溶在一起。B母液以磷酸盐为中心，凡不会与磷酸根形成沉淀的盐都可溶在一起。C母液是由铁和微量元素合在一起配制而成的。因其用量小，可以配成浓缩倍数很高的母液。母液的浓缩倍数，要根据营养液配方规定的用量和各盐类在水中的溶解度来确定，以不致过饱和而析出为准。其倍数以配成整数值为好，方便操作。母液在贮存时间较长时，应将其酸化，以防沉淀产生。一般可用硝酸酸化至pH值为3～4。

以日本园试配方为例：A母液包括硝酸钙和硝酸钾，浓缩200倍；B母液包括磷酸二氢铵和硫酸镁，浓缩200倍；C母液包括Na_2Fe-EDTA和各微量元素，浓缩1000倍。母液应贮存于黑暗容器中。

（2）工作营养液　一般用浓缩贮备液配制，在加入各种母液的过程中，也要防止沉淀出现。配制步骤为：在大贮液池内先放入相当于要配制的营养液体积的40%水量，将A母液应加入量倒入其中，使其流动扩散均匀。然后再将应加入的B母液慢慢注入水渠口的水源中，让水源冲稀B母液后带入贮液池中参与流动扩散，此过程所加的水量以达到总液量的80%为度。最后，将C母液的应加入量也随水冲稀带入贮液池中参与流动扩散。加足水量后，继续流动一段时间使其达到均匀。

不同的作物、不同的栽培方式、不同的发育阶段和季节，营养液的管理浓度都不一样。一般果菜的营养液浓度高于速生叶菜，生育中后期的管理浓度要求高于生育前期和苗期。以番茄为例，育苗期营养液浓度（EC值）为1.2～1.8mS/cm，生育期为1.5～2.0mS/cm，生育后期可提高到1.8～2.8mS/cm。此外，由于作物生育的需要，一直在不断地选择吸收养分并大量吸收水分，加之栽培床面、供液管道及供液池的蒸发与消耗，营养液浓度发生了变化，要定期检查，予以调整和补充。检测浓度及养分状况的变化，可通过养分分析或电导率（EC值）的测试结果取得，然后补充母液。在不能进行上述测试的情况下，可按供液池（或盆、钵）水分的消耗量，以同容积的原定的标准浓度营养液补充，同时注意定期更换废营养液，以保持池内营养液的稳定。

在作物的生育期中，营养液的pH值变化很大，直接影响到作物对养分的吸收与生长发育，还会影响矿质盐类的溶解度。因此，应经常检测营养液的pH值，并分别以硫酸和氢氧化钾予以调整，不同的作物对pH值的适应范围不一，应严格掌握。在营养液的温度为15～20℃的范围内，含氧量为4%～5%。

2. 固体粉末状营养液的使用方法

此类商品以固体营养粉末状出售，使用时再由固体粉末配制成液体营养液。粉末主要成分为氮、磷、钾、钙、镁、硫、铁、锰、铜、锌、硼、钼等十二种植物需要的营养元素。根据各成分化学特性分A、B两包，其中，A包为大量元素，B包中含有全部微量元素；每小包各50g，A、B两包应分别存放，禁止直接混合存放在同一容器内，以免产生化学反应而失效。使用时，用水量为50kg（50L），先放入大约7～8成清水，将A肥加入水中充分搅动溶解后，再加入B肥搅动溶解，最后补足水量并搅动混匀即完成配制。严禁将A、B肥直接混合溶解。清水最好是雨水或河水，如为自来水，需放置一天后使用为佳。营养液浇灌时应均匀浇在基质中或装入容器中进行水培，不可直接将溶液喷洒在叶片上。如需配制浓缩营养液，推荐浓缩倍数为50倍。即将A、B两包分别溶解于1kg水中，即成50倍浓缩液。使用时每10kg水中分别加入A、B浓缩液各200mL，并充分搅匀即可直接浇灌。营养液A、B应在干燥避光处封闭保存，防止吸潮。结块后完全溶解不影响使用效果。配制好的营养液A、B浓缩液如有少量沉淀物出现，系正常情况，摇匀后按比例使用无碍。

第二节　基质栽培

一、基质的选配

（一）主要种类

基质栽培即用固体基质（介质）固定植物根系，植物通过基质吸收营养液和氧的一种无土栽培方式。基质种类很多，常用的适合家庭无土栽培的基质有蛭石、珍珠岩、岩棉、沙、泥炭、稻壳炭、树皮、陶粒等（图2-16）。如茄果类蔬菜采用基质栽培，常用的基质有草炭、锯末、稻壳、沙、陶粒、岩棉、珍珠岩和蛭石等。草炭和蛭石混合的基质栽培番茄和黄瓜类蔬菜效果很好。

图2-16　无土栽培基质

（二）基质选择

基质的适用性是选用基质的主要标准，但同时还要考虑经济因素、市场需要、环境要求等问题。一般来说，基质的总孔隙度在60%左右、气水比在0.5左右、化学稳定性强、酸碱度适中、无有毒物质时，都是适合种植某种蔬菜的。各种基质的价格相差很大。有些基质虽能适于作物生长，但来源稀少、运输困难且价格较高，因而不宜采用。一般来讲，有机废弃物的价格较低。例如，在我国南方地区草炭贮量少，价格高，而作物秸秆、稻壳、甘蔗渣来源丰富，价格便宜，从经济性的角度考虑，可用这些原料代替草炭。

总的来说基质要选择成本低、能透气、性能好、固根牢、保水强的材料，一般选用炉渣、沙砾等无机粒状的基质较好。炉渣质轻、搬运方便，持水性好，适宜楼顶、阳台、平房顶场地使用；沙砾较稳定、易清洗、好消毒、持水性差，质地较重，不易搬运，宜在庭院、露地使用。一般选用粒径在0.1 ~ 0.5mm、1.0 ~ 2.5mm、2.5 ~ 5.0mm的三级颗粒各三分之一混合，总孔隙度可达45% ~ 50%，其中空气孔隙占25%、pH为6 ~ 7被认为是理想的基质。多次使用的基质，应先过筛后放入水池或适宜容器里，不断搅拌，流水冲洗，漂去残根和污物，然后加入0.1%高锰酸钾或0.1%福尔马林溶液浸泡12 ~ 24小时，用流水冲净后使用。

（三）基质制备

目前基质发展的一个趋势就是复合化，一方面是植物生长的需要，单一基质较难满足作物生长的各项要求；另一方面则由经济效益、市场对有机食品的要求及环境因素所决定。用消毒鸡粪和蛭石混配的复合基质进行番茄、生菜和黄瓜的栽培，取得了良好的经济效益。基质混合的总要求是：容量适宜，增加孔隙度，提高水分和空气的含量。配比合理的复合基质具有优良的理化性质，有利于提高栽培效果。生产上一般以2 ~ 3种基质相混合为宜。表2-3列出了不同基质混合后的理化性质以供参考。

表2-3　不同基质混合的理化性质比较

基质名称	容量 / (g/cm³)	比重 / (g/cm³)	总孔隙度 /%	通气孔隙 /%	毛管孔隙 /%	pH值	电导率 / (μS/cm)	阳离子代换量 / (mmol/100g)
草炭：蛭石：炉渣：珍珠岩（2:2:5:1）	0.67	2.29	70.7	17.1	53.6	6.71	2.62	13.77
草炭：蛭石（1:1）	0.34	2.32	85.3	38.1	47.2	6.09	1.19	30.37
草炭：蛭石：炉渣：珍珠岩（4:3:2:1）	0.41	0.22	81.5	25.3	56.2	6.44	2.82	29.03
草炭：炉渣（1:1）	0.62	1.93	67.9	17.7	50.2	6.85	2.43	21.50

不同作物要求的复合基质其组成是不同的。如草炭、蛭石、炉渣、珍珠岩按2∶2∶5∶1混合，适于番茄、辣椒育苗；按照4∶3∶2∶1混合，适于西瓜育苗；草炭和炉渣按1∶1混合适于黄瓜育苗。比较好的基质应适用于各种作物。如1∶1的草炭、蛭石，1∶1的草炭、锯末，1∶1∶1的草炭、蛭石、锯末，或1∶1∶1的草炭、蛭石、珍珠岩等混合基质，均在我国无土栽培生产上获得了较好的应用效果。

以下是国内外常用的一些复合基质配方。

配方1：1份草炭、1份珍珠岩、1份沙。

配方2：1份草炭、1份珍珠岩。

配方3：1份草炭、1份沙。

配方4：1份草炭、3份沙，或3份草炭、1份沙。

配方5：1份草炭、1份蛭石。

配方6：4份草炭、3份蛭石、3份珍珠岩。

配方7：2份草炭、2份火山岩、1份沙。

配方8：2份草炭、1份蛭石、1份珍珠岩，或3份草炭、1份珍珠岩。

配方9：1份草炭、1份珍珠岩、1份树皮。

配方10：1份刨花、1份炉渣。

配方11：2份草炭、1份树皮、1份刨花。

配方12：1份草炭、1份树皮。

配方13：3份玉米秸、2份炉灰渣，或3份向日葵秆、2份炉灰渣，或3份玉米芯、2份炉灰渣。

配方14：1份玉米秸、1份草炭、3份炉灰渣。

配方15：1份草炭、1份锯末。

配方16：1份草炭、1份蛭石、1份锯末，或4份草炭、1份蛭石、1份珍珠岩。

配方17：2份草炭、3份炉渣。

配方18：1份椰子壳、1份沙。

配方19：5份向日葵秆、2份炉渣、3份锯末。

配方20：7份草炭、3份珍珠岩。

华南农业大学无土栽培技术研究室研制的蔗渣-矿物复合基质是用50%～70%的蔗渣与30%～50%的沙、石砾或炉渣混合而成。无论是育苗还是栽培，效果良好。

用量较小时，可将复合基质的各个组分置于水泥地面上，用铲子搅拌。用量大时应使用混凝土搅拌器。干的草炭一般不易弄湿，需提前一天喷水，或加入非离子润湿剂，例如每40L水中加50g次氯酸钠配成溶液，能把1m³的混合物弄湿。同时，要将草炭块尽量弄碎，否则不利于植物根系生长。

在配制复合基质时，可预先混入一定的肥料，肥料用量为：三元复合肥（15-15-15）以0.25%比例加水混入，或按硫酸钾0.5g/L、硝酸铵0.25g/L、过磷酸钙1.5g/L、硫酸镁0.25g/L的量加入，也可采用其他营养配方。

二、基质栽培的主要形式

（一）复合基质箱培、槽培与盆培

这种蔬菜栽培的方式与家庭养花类似，只是将花卉换成了蔬菜。

1. 栽培容器

（1）栽培槽 可自制栽培槽，也可使用专用栽培槽，专用栽培槽又称种植箱（图2-17），即用聚氟乙烯或聚丙烯等塑料为原料，专门设计制造的适合家庭无土栽培用的种植器具，其大小和形状各异，直接用水壶浇灌清水或营养液，无需水泵、管道等设备。

其中一种制品称为吸水式专用栽培槽（图2-18），有双层底层，下层底可集水或营养液，中层底部有凹陷部位浸在水或营养液中，并通过吸水孔使基质与营养液相连，以保持基质湿润，基质中多余的水或营养液也可从这种孔排入底层，再从底层的排液口排除，浇灌营养液时可从栽培槽表面浇入，以使基质均匀地获得水分和养分，而浇灌清水时可通过塑料管直接注入槽底。

图2-17　家庭蔬菜无土栽培种植箱

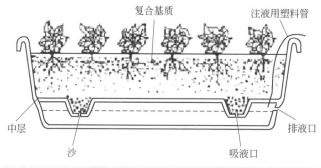

图2-18　吸水式专用栽培槽

　　另一种称作集水盘式栽培槽（图2-19），其底部为一层网状间隔板，下部为连体集水盘，水分通过间隔板进入集水盘。这种栽培槽的基质与水或营养液之间有一定空间，可让根与空气接触，这对蔬菜的生长很有益处。

　　专用栽培槽可以用营养液浇灌，也可以浇灌清水，以在栽培过程中补充肥料。

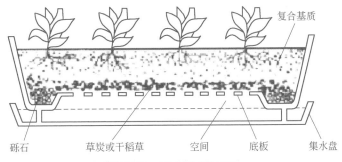

复合基质

砾石　　　　草炭或干稻草　　　空间　　　底板　　　集水盘

图2-19　集水盘式栽培槽

（2）栽培箱　指聚苯乙烯泡沫塑料箱（图2-20），这种泡沫塑料箱多用于食品保鲜。使用前，泡沫箱的内壁基部要打二三个孔，以防箱中积水沤根。

图2-20　泡沫塑料栽培箱

（3）种植盆　常用的种植盆有以下几类。

① 素烧盆　素烧盆即泥瓦盆（图2-21），是最常用的种植容器，可分为红盆和灰盆两种，有多种规格。素烧盆通气排水性能良好，有利于蔬菜生长，不足之处是粗糙，所以栽培时应尽量采用小一些的盆，以便在室内摆放时可以放置于略大一点的套盆内。

图2-21　素烧盆种植蔬菜

②　紫砂盆　多数紫砂盆（图2-22）上刻有花草图案，式样繁多，色彩调和，古朴雅致，具古玩美感，比较适合栽培那些观赏用的小型叶菜，如苦苣、紫叶生菜等，这种盆的缺点是排水性能稍差。

③　塑料盆　可分为硬质塑料盆和软质塑胶盆（图2-23）。硬质塑料盆一般体积不大，轻便美观，色彩鲜艳，但通气性较差，不利于蔬菜生长，要求基质通气性要好，最好不作长期种植用，一般在准备放入室内摆设时才将成品移栽到此类盆中。软质塑胶盆又称塑料营养钵，用于育苗。

图2-22　紫砂盆种植蔬菜

图2-23　塑料盆种植蔬菜

④ 釉盆　釉盆（图2-24）质地坚硬，色彩艳丽，但排水通气性能差，常作为套盆使用，也可直接用于栽培高大蔬菜，但必须配以疏松的多孔隙基质，否则植株生长不良。

图2-24　釉盆种植蔬菜

⑤ 木盆　可根据自己的喜好，自制不同形状的木盆（图2-25），如方形的、梯形的，其规格可据实际需要而定。这种盆内外表可漆以不同色彩，以提高使用寿命，且与蔬菜色彩相协调。

此外，还有供装饰用的以各种材料制作的套盆或套具，如玻璃钢套盆、藤制品套具、不锈钢套具等，管类套盆或套具美观大方，可增添华丽多彩的气氛，但仅供陈列用，不作栽培使用。

图2-25　木盆种植蔬菜

2. 基质

常用的基质以沙、砾石、珍珠岩、草木灰、蛭石、炉渣等为原料，混合配制而成。

（二）小型陶粒立柱无土栽培装置及技术

陶粒立柱无土栽培装置用陶粒作基质，将立柱栽培钵一个一个地摞列在一起形成柱状，在小水泵驱动下循环供液，主要用于栽培生菜、紫背天葵、落葵等矮生叶菜，无需自己购买材料组装，市场上有成套产品出售。例如，北京市农林科学院开发的专用于家庭栽培的小型陶粒立柱栽培装置，美观实用，操作简单，很受欢迎，而且价格低廉，包括定时器和水泵等在内，每套约170元。

1. 陶粒立柱无土栽培装置的结构

（1）大花盆　整套装置的下部是一个无底孔的大花盆，一般市场上出售的大花盆底部都是有孔的，使用前可将蜡烛点燃，用熔化的蜡封堵排水孔。大花盆的用途是盛装营养液，安放栽培柱和小型潜水泵（图2-26）。

图2-26　大花盆式陶粒立柱无土栽培装置

（2）中心柱　整个栽培柱的中心为一个铁管，下部固定在大盆里，专用的立柱栽培钵一个一个地套在中心柱上，小水泵的出水管从中心柱的底部通过铁管伸到立柱顶端。

（3）专用立柱栽培钵　专用的立柱栽培钵由硬质塑料制成，一般状如花盆，上大下小。与花盆不同的是，栽培钵的上口不是规则的圆形，而是呈梅花状，将来在每个"花瓣"的位置栽培一株蔬菜，栽培钵底部有孔，可套在中心柱上，栽培柱上的栽培钵上下交错排列，使营养液从最上部的栽培钵依次向下流动，而不会流到立柱的外面，同时，交错排列能为蔬菜生长提供更多空间（图2-27）。目前，国内有许多单位生产立柱栽培钵，如中国科学院上海植物生理研究所，该产品在国内应用得十分普遍。

图2-27　家庭蔬菜栽培专用立柱栽培钵

（4）营养液循环系统　营养液放在底部的大花盆里，在水泵的驱动下通过出水管被输送到最顶端的栽培钵处，而后滴入下面的栽培钵，最后流回大花盆，如此循环往复，水泵的启动和停机由定时器控制，水泵的功率为30W左右。

（5）基质　如仅用陶砾一种基质，要求陶粒的表面要光滑。

2. 小型陶粒立柱无土栽培的关键技术

（1）安装好水泵和定时器　将水泵的出水管牵引到中心柱顶端，陶粒要预先用水泡透，而后将第一个栽培钵套在中心柱上，装入陶粒，在钵底先加一层陶粒，然后将蔬菜幼苗直立在栽培钵的定植位置（栽培钵边缘），使根系舒展后，再加陶粒到栽培钵八分满为止，压实。

再套入下一个栽培钵，重复以上定植操作，注意栽培钵要交错排列，直至中心柱顶端。如有足够的空间，只要能保证陶粒固定，立柱的高度不限，一般一个立柱有6～10个栽培钵。

（2）管理　将营养液注入大花盆，将定时器设定为每天供液

1～3次，每次供液10分钟，及时补充消耗掉的营养液。冬季基本不换液，夏季每半个月至1个月换液一次。换液方法是：让水泵将旧的营养液抽到大花盆外面，而后注入清水冲洗，将冲洗水抽出，反复2～3次，而后向大花盆里注入新的营养液即可。每年夏季要把栽培钵里的陶粒全部倒出，用开水消毒洗净后重新利用。

（三）阳台无土栽培器的构造及配套技术

阳台无土栽培器是南京市蔬菜研究所与农业农村部南京农业机械化研究所共同研制出的一种家用无土栽培装置，可供家庭园艺爱好者在家庭阳台上进行花卉和蔬菜栽培，经该所在试验场模拟阳台及在住宅阳台上进行蔬菜无土栽培试验，获得了良好的效果，并于1995年取得国家专利（专利号2L93236754.2），每套栽培器售价240元（含基质、保护罩等）。

1. 阳台无土栽培的构建

（1）栽培槽　栽培槽（图2-28、图2-29）的槽体由玻璃钢制成，槽长85cm，槽上口宽18cm，底宽15cm，槽深15cm。槽体内有一层开孔的隔板，将槽体分隔成上下两腔，在隔板的开孔内嵌入防腐毛细束，其上下端分别位于上下两腔内，上腔深10cm，内填基质，下腔深5cm，内储营养液，在隔板顶端装有注水器和浮标，浮标由标尺导管、标尺和浮块组成，用于显示槽内液面，在槽体的下部装有放水塞，可排放废液。

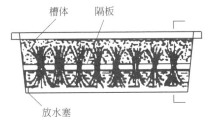

图2-28　槽体正面透视

图2-29　槽体侧面透视

（2）金属构架 构架（图2-30）包括具有若干销孔的底梁，夹脚、销子、夹紧螺柱和夹紧垫（可适应阳台栏墙平台厚度的夹紧装置），以及由固定"U"形框、升降"U"形框、连杆、销轴、拉杆和蝶形螺母组成的复合平行四边形机构及销紧装置组成，各"U"形框上紧固有承插栽培槽并将其夹紧的架叉，各"U"形框的两端竖直管内插入撑柱，按需伸缩撑柱，调节有效高度，并以偏心凸轮锁紧，每个栽培槽两端的撑柱间按需要高度绷紧扶持植株用细绳，撑柱上的墙紧固有罩架，以塑料膜制成的防风保温或遮阳保护罩套装在每个罩架上。

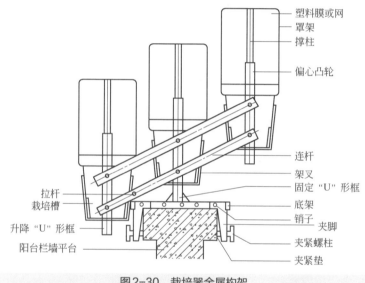

图2-30 栽培器金属构架

2. 配套技术

（1）穴盘育苗 使用128孔或72孔穴盘育苗，每穴播种2～3粒，浇透水，覆盖蛭石，而后在苗盘上覆盖地膜，出苗后揭膜，并开始浇1/4剂量的营养液，保持基质湿润。

（2）定植 定植前先将整套栽培器安装好，栽培槽灌浇1/4剂量营养液，每槽约45L。直接播种品种按一定播种量直接播在槽内基质中，盖上地膜；出苗后及时揭膜；育苗移栽品种按一定间距定植在栽培槽内，每槽6～8株，在秧苗3～4叶时，添加的营养液浓度调为1/2剂量，5～6叶时使用标准剂量，每次加满营养液，在气温20℃时可保持15天，在气温25℃时可保持7～10天，30℃以上则需2～3天添加一次营养液。

（3）营养液配方的选择　可选用通用配方，也可选用所栽培蔬菜的专用配方。

（4）栽培器转向　为了使蔬菜充分受光，生长一致，白天将栽培器转向阳台外侧，并变换倾角，在晚上或者加液管理时，再将栽培器转向阳台内侧，气候发生冷暖变化时，及时加套保护罩，气候恶劣时，将栽培槽搬回阳台或室内。

（四）小型复合基质插管式泡沫塑料立柱栽培装置

这套栽培装置（图2-31）用泡沫箱作贮液箱，将栽培柱安放于其中，贮液箱中有定时器控制下的小水泵，中心柱内安装了供液管，用小水泵将营养液输送到栽培柱的顶端。

图2-31　小型复合基质插管式泡沫塑料立柱栽培装置

（五）报架式管道深水培装置

这套装置状如报架，用直径100～160mm的PVC塑料管或不锈钢管作栽培容器，其上按一定间距开孔，安放塑料定植杯，每个定植株处安放一个滴头。栽培架下或旁边安放贮液箱，由定时器控制下的小水泵供液，营养液循环流动，有的栽培装置包括两个栽培架，相对放置，呈"V"形（图2-32）。

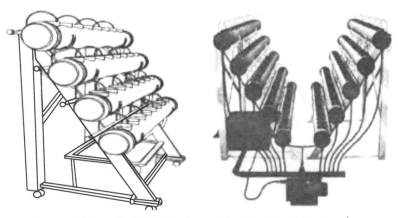

图2-32　报架式管道深水培装置

（六）立体NFT栽培装置

立体NFT栽培装置由栽培架、贮液箱、小型潜水泵、栽培槽组成，不同的只是将栽培槽上下摆放，这样可以减少占地面积，充分利用空间（图2-33）。

（七）滴灌供液式立体盆培

这套立体盆培装置（图2-34）使用的基质是草炭、蛭石配制的复合基质，设立了栽培架，栽培盆放置在托盘上。栽培架下安放了贮液箱，由定时器控制小水泵，采用滴灌的方式定时供液。营养液可循环利用，也可不循环。

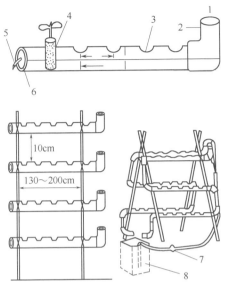

图2-33　立体NFT栽培装置

1—营养液进口；2—弯头；3—定植孔（直径4～5cm）；
4—定植杯；5—营养液溢出口；6—止水板；7—水泵；8—贮液箱

图2-34　滴灌供液式立体盆培

第三章

家庭无土栽培育苗技术

传统的蔬菜育苗是把种子撒在土壤里，而把种子撒在代替土壤的无土栽培基质里，定时定量施用营养液进行育苗叫无土育苗。家庭蔬菜无土育苗可观赏，也可绿化、净化室内空气，有利于环境保护。同时，家庭蔬菜无土育苗使用无土基质，材质轻、成本低、透水透气性好，无土传病害和地下害虫，便于定植，幼苗根系发达，秧苗素质好，茎粗叶大，生长健壮，缓苗快、成活率高。不施有机肥，无异味，不滋生蚊蝇，环境清洁。

一、育苗基质

家庭蔬菜无土育苗包括营养钵育苗（图3-1）和穴盘育苗（图3-2）。

（一）营养钵育苗

营养钵育苗即利用塑料育苗钵或其他容器（如草钵、纸钵）进行育苗。其操作如下：

将草炭和蛭石按一定比例混配作为育苗基质，装入塑料育苗钵中，然后浇透水，再将经浸种、催芽的种子播入营养钵内，放在适当的条件下育苗。

图3-1　营养钵育苗

图3-2　穴盘育苗

　　不同种类的蔬菜可选用大小不同的塑料钵来育苗，一般茄果类可选择大一些的塑料钵，而叶菜类选用小号的育苗钵。

（二）穴盘育苗

虽然育苗穴盘本身是机械化育苗的配套设施，但利用穴盘来进行人工无土育苗同样具有省工、省力、便于运输等特点。

育苗基质同样可以采用草炭和蛭石按一定的比例混配，把经浸种、催芽的种子播种在穴盘内，按常规方法进行育苗管理。

当然，不同种类蔬菜在不同季节进行穴盘无土育苗应当选择合适型号的穴盘。一般来说，我国蔬菜种植者喜欢栽大苗，所以春季育番茄、茄子苗多选用72孔苗盘，6~7片叶时出盘；青椒苗选用128孔苗盘，8片叶左右出盘；芹菜育苗选用200孔苗盘，4~5片叶时出盘；夏、秋季播种的茄子、番茄、菜花、大白菜等可一律选用128孔苗盘，4~5片叶时出盘。

上述两种无土育苗方式中苗期的养分提供，一是可以通过定期满灌营养液方式解决，二是可以先将肥料直接配入基质中，以后只需浇灌清水就可以了。

以下列举一些常用的育苗基质及肥料配方。

（1）美国加州大学育苗用复合基质　0.5m³细沙（粒径0.05~0.50mm），0.5m³粉碎草炭，145g硝酸钾，145g硫酸钾，4.5kg白云石或石灰石，1.5kg 20%过磷酸钙。

（2）美国康奈尔大学育苗用复合基质　0.5m³粉碎草炭，0.5m³蛭石或珍珠岩，3.0kg石灰石（最好是白云石），1.2kg过磷酸钙（20%五氧化二磷），3.0kg复合肥（氮、磷、钾含量5-10-5）。

（3）中国农科院蔬菜花卉研究所育苗用复合基质　0.75m³草炭，0.13m³蛭石，0.12m³珍珠岩，3.0kg石灰石，1.0kg过磷酸钙（20%五氧化二磷），1.5kg复合肥（15-15-15），10.0kg消毒干鸡粪。

（4）草炭矿物质育苗用复合基质0.5m³草炭，0.5m³蛭石，700g硝酸铵，700g过磷酸钙（20%五氧化二磷），3.5kg磨碎的石灰石或白云石。

常用育苗基质的基质配比见表3-1。

表3-1　几种蔬菜育苗基质配比

蔬菜	穴盘规格/孔	基质配比（草炭：蛭石）
番茄	50或72	2：1
茄子	50或72	2：1
青椒	72或128	2：1
甘蓝	128	2：1
芹菜	200	2：1

二、技术操作

家庭蔬菜无土育苗是以基质作床，浇灌营养液的育苗方法，基质有炉渣、草炭、蛭石、沙子、珍珠岩等。育苗基质与栽培基质略有差别，主要表现在用于穴盘育苗的复合基质总孔隙度小，保水力强，移栽时植株根部基质不易散开。基质中含草炭，当植株从穴盘中取出时，可保证根部基质不脱落。如果基质中没有草炭或草炭含量小于50%，则植株根部的基质易脱落，定植时易损伤根系。复合基质中含草炭时，要加入适量石灰石来提高pH值。为了保证幼苗生长期间充足的养分供应，配制育苗基质时应加入适量的氮、磷、钾养分。浇灌的营养液要根据不同的作物选配，基质不得重复使用，否则易感染病害。

当幼苗进入花芽分化阶段时，这时急需增加营养改善环境，应使幼苗脱离开小的育苗钵，加强肥水管理，有利根系发育和吸收营养，从而长成壮苗，这一措施就是定植。家庭蔬菜无土育苗的分苗时间越早越好，早分苗对根系的伤害小，成活概率也就相应提高。晚定植既影响花芽分化和幼苗生长发育，还会影响蔬菜产量。

家庭蔬菜无土育苗也可以采用扦插法，如瓜类和茄类（洋香瓜和番茄），以及叶菜类的紫背天葵和空心菜（蕹菜）等，但瓜果类扦插育苗不适于大面积生产。具体操作为：洋香瓜应取无病茎尖，2~3

片叶；番茄和茄子应取4～5片叶的半木质化侧枝，不用叶片过多的全木质化侧枝（会影响幼苗生长发育）。采苗时应带踵扦插，且勿伤皮，将苗扦插在岩棉块或固体基质育苗钵内。育苗方法同前述，待生根后定植。

第四章

家庭无土栽培蔬菜病虫害防治

　　家庭无土栽培蔬菜一般不发生土传病害和地下害虫。这是因为家庭无土栽培蔬菜是选用在生产过程中已高温消毒的基质，如珍珠岩、蛭石、岩棉等，所以已经不存在土传病害的细菌和地下害虫。另外，在家庭环境养花种菜，一般阳台上都有纱窗，相应地减少了外来的害虫，所以家庭无土栽培花卉和蔬菜较少发生病虫害。但实际上有时所买到的无土基质可能是曾经在购货场堆放很久，也可能装基质的袋子被雨水浸泡过，甚至早在地面堆放时就已被污染，都可能导致基质中有地下害虫卵或土传病害病菌存在。此外，有时买来的种子本身就带菌，又加上浸种消毒不严格，也会带来各种病菌，当条件适合时就会发生病害。虫害就更难避免了，如人们的日常生活、饮食起居、外出活动，都有可能将虫或虫卵带回家庭居室，造成无土栽培蔬菜产生虫害。以下介绍一些家庭无土栽培蔬菜常见的病虫害及其防治方法。

第一节　蔬菜主要病害防治

1. 黄瓜霜霉病

（1）症状　黄瓜霜霉病为叶斑性病害（图4-1），苗期、成株期均可发病。子叶染病初呈褪绿色黄斑，扩大后变为黄褐色；真叶发病初期叶正面出现水渍状绿色或淡黄色小斑点，逐渐扩展，颜色逐渐加深，变为褐色。因受叶脉限制，斑点呈多角形。湿度大时叶背面或叶面长出灰黑色霉层。发病严重时，病斑连成一片，致使整个叶片枯萎死亡，危害严重。

图4-1　黄瓜霜霉病

（2）发病条件　黄瓜霜霉病随气流传播，发展快，难防治，是用工、用药较多的一种病害。霜霉病的发生发展与相对湿度95%以上的高湿和叶片上有水珠、水滴有关，湿度大是发病的首要条件。其次，20～30℃的温度能促进病害发生。该病主要侵染功能叶，幼叶和老叶受害少。病害一般由下向上发展。

（3）防治方法

① 选用抗病品种　可选用津杂3号、津杂4号、济南密刺、中农5号、碧春等。

② 药剂防治　喷施2%防霉灵粉尘剂，7天1次，防效最佳。也可用以下农药每隔6天喷1次，连喷3次：70%乙锰可湿性粉剂400倍液效果很好；其次是64%杀毒矾可湿性粉剂（进口农药）400倍液；以下依次为25%甲霜灵可湿性粉剂（又称瑞毒霉）500倍液，进口75%百菌清可湿性粉剂500倍液等。此外，72%克抗灵可湿性粉剂、72%普力克水剂、40%乙磷铝可湿性粉剂200～300倍液等也有一定效果。

2. 黄瓜白粉病

（1）症状　黄瓜白粉病主要危害叶片，也可危害茎蔓（图4-2）。发病初期，叶片正面或背面产生白色近圆形粉斑。环境适宜时，粉斑迅速扩大，连接成片，成为边缘不明显的大片白粉区，甚至使整个叶片上面布满白色粉末状霉层。茎蔓、叶柄与叶片相似，只是白粉较少。后期白粉变为灰白色，叶片枯黄、卷缩，一般不脱落，严重时植株枯死。

图4-2　黄瓜白粉病

（2）发病条件　发病适宜温度范围较广，14～30℃均可，分生孢子发芽最适温度为20～25℃；湿度越大发病越重，适应湿度范围很广。相对湿度在75%，叶片无水滴、水珠也能发病。温、湿度适宜，白粉病发展很快，极易流行。即使干旱对病菌活动不利，但由于黄瓜生长较差，抗性大大减弱，发病也随之加重。棚室栽培温度高、湿度大、通风差，因而发病较露地早而重。此外，栽培管理不当，如肥水不足或过多、偏施氮肥、植株徒长、通风不良等均利于病害发生。

（3）防治方法

① 选择抗病品种　黄瓜对霜霉病与白粉病抗性大体一致，可结

合霜霉病防治统筹考虑。津杂1、2、3、4号及京研2、4、6、7号，中农1101，鲁春26号等抗性较强，应优先选用。长春密刺瓜码密、瓜条好，适宜嫁接栽培，但抗霜霉病、白粉病能力弱。

② 物理防治与生物防治相结合　发病初期叶片上喷洒27%高脂膜乳剂80 ~ 100倍液，使其形成一层薄膜，不仅防止病害侵入，还可造成缺氧条件，使白粉菌致死。一般每隔5 ~ 6天喷一次，连续喷3 ~ 4次，无毒无残留。也可采用生物防治法，即喷洒2%农抗120或2%武夷菌素（BO-10）水剂200倍液，隔6 ~ 7天再喷一次，防效良好。

③ 药剂防治　主要药剂有：25%三唑酮（粉锈宁）可湿性粉剂1000 ~ 1500倍液，40%多硫悬浮剂500 ~ 600倍液，50%多菌灵可湿性粉剂500 ~ 600倍液，20%三唑酮乳油1500 ~ 2000倍液等。

3. 黄瓜疫病

（1）症状　主要危害茎基部、叶及瓜条（图4-3）。幼苗多从嫩尖发病，初为暗绿色水渍状，逐渐干枯呈秃尖状，不倒伏；成株发病多在茎基部或嫩茎节，出现暗绿色水渍状斑，后变软，显著缢缩，病部以上叶片萎蔫或全体枯死；叶片染病产生圆形或不规则形水浸状

图4-3　黄瓜疫病

大病斑，干燥时呈青白色，易破裂；瓜条发病，开始为水浸状暗绿色，逐渐缢缩凹陷，潮湿时表面长出稀疏白霉，迅速腐烂，发出腥臭气味。

（2）发病条件　黄瓜疫病为土传病害，借风雨、水流传播蔓延，发病适温28～30℃，在适温下基质含水量为病害流行的决定因素。雨日多、雨量大，雨季来临早，则发病早而重。

（3）防治方法

① 播前消毒　用25%甲霜灵可湿性粉剂800倍液或72.2%普力克水剂浸种30分钟进行种子消毒；苗床每平方米用25%甲霜灵可湿性粉剂8g均匀撒入消毒。栽培床则用25%甲霜灵可湿性粉剂750倍液喷淋床面。

② 选择抗病品种　选择津系3号、4号，中农1101，湘黄瓜1号、2号等抗疫病品种；采用云南黑籽南瓜或南砧1号作砧木与黄瓜嫁接可防止疫病发生。

③ 药剂防治　在发病初期及雨前、雨后采用下列药剂防治：58%甲霜灵·锰锌可湿性粉剂500倍液，40%乙磷铝200倍液，25%甲霜灵可湿性粉剂800～1000倍液，55%多效瑞毒霉可湿性粉剂800倍液，75%百菌清可湿性粉剂600倍液，50%克菌丹可湿性粉剂500倍液，64%杀毒矾可湿性粉剂500倍液等。上述药剂每隔5～10天喷1次，连续3～4次，也可用25%瑞毒霉和40%福美双可湿性粉剂800倍液灌根，7～10天1次，连续防治2～3次。

4. 黄瓜灰霉病

（1）症状　黄瓜灰霉病属真菌病害，主要危害幼瓜、叶、茎（图4-4）。被害果实多从开败的雌花处腐烂，并长出淡灰褐色霉层，后向幼瓜扩展，幼瓜即迅速变软、萎缩、腐烂，被害幼瓜常停止生长乃至腐烂或脱落；当烂果、烂花落在叶片或茎上，叶上形成近圆形或不规则形大型病斑，表面着生少量灰霉，而茎部则腐烂，瓜蔓折断，植株枯死。一般结瓜期是病害侵染和烂瓜的高峰期。

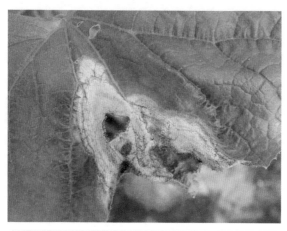

图4-4 黄瓜灰霉病

（2）发病条件　灰霉病发病适温为20℃左右，最适相对湿度在90%以上。早春时期雨天多，气温偏低，病害重。当气温高于30℃、低于40℃，相对湿度小于90%时，病害停止蔓延。

（3）防治方法　药剂防治应以防为主，轮换交替用药，以防产生耐药性。发病后可适当加大药量，缩短喷药间隔。主要药剂有：50%多菌灵500倍液，50%扑海因1000～1500倍液，65%抗霉威1000～1500倍液，50%多霉灵可湿性粉剂、65%甲霉灵可湿性粉剂、50%腐霉利可湿性粉剂、50%得益可湿性粉剂、50%抑菌灵1000倍液，50%速克灵200倍液等。每隔7～10天喷1次，连喷2～3次。

5. 黄瓜枯萎病

（1）症状　黄瓜枯萎病又称黄瓜蔓割病，是黄瓜生产重要病害，尤以连作危害最重（图4-5）。其整个生长期均可发病，特别是苗期和开花期发病最多。幼苗发病症状不明显，仅子叶萎蔫。有时幼茎茎部变成黄褐色，缢缩，生长停滞。幼株发病，初期白天整株萎蔫，夜间恢复正常，数日后成片死亡；成株发病，茎部叶片午间萎蔫，夜间恢复，反复数日后整株萎蔫。此时，病株基部呈褐色水浸状腐烂，后期表皮开裂，流出松香状胶质物，湿度大时生出白色或粉红色霉层。横切病茎发现维管束呈褐色，此为枯萎病主要鉴定特征。

（2）发病条件　枯萎病8～34℃范围内均可发病，尤以24～28℃最适。pH值为4.0～6.0的酸性溶液抑制黄瓜生长，而促进病菌活动，发病较重；栽培管理粗放、施肥不足或过多、偏施氮肥等均影响根系正常生长，加重病情；因枯萎病是一种积年流行的病害，所以黄瓜连作越多，枯萎病越重；枯萎病具有明显的潜伏侵染现象，在适宜发病条件下才表现其症状。一般生长势不同的幼苗带菌率不同，壮苗带菌率为2.05%，弱苗为6.6%。此外，病菌还可借溶液、粪肥、种子传播，病菌侵入植株体内，主要通过根部伤口或直接从根尖区或从侧枝分枝处裂缝侵入。小老苗茎部裂口也是病菌侵入的途径。

图4-5　黄瓜枯萎病

（3）防治方法

① 种子消毒　将充分干燥的种子放在70～75℃烘箱中干热处理

5～7天。也可用有效成分0.1%的多菌灵盐酸+0.1%平平加，常温下浸种催芽；或55℃温水浸种20分钟以杀死病菌。

② 嫁接栽培　利用黑籽南瓜对黄瓜枯萎病的高度免疫性，以其作砧木，以黄瓜为接穗进行嫁接栽培可有效防止枯萎病发生。但在一些地区发现，嫁接黄瓜霜霉病发生较自根苗严重。一般苗期较抗病，产生抗性病斑，但结瓜后发病加重，这可能与嫁接苗生长势强，生长快，中后期叶片氮、磷、钾含量减少有关。因此，选择黄瓜品种作接穗时，应优先选用抗霜霉病强的品种。

③ 药剂防治　黄瓜枯萎病应以防为主，一旦发病，尚无特效药剂治疗。发现病株，可用70%甲基托布津或50%多菌灵1000倍液灌根，每株250克，每10～15天灌1次，连续3次。用70%敌克松10克、面粉10克，调成糨糊状，涂于患处，也有一定防效。采用60%防毒宝可湿性粉剂、10%治萎灵水剂或10%莲花消毒剂效果良好。

6. 黄瓜角斑病

（1）症状　该病为细菌性病害，主要危害叶片，偶尔也危害瓜条（图4-6）。叶片发病，初时产生油浸状小斑点，扩大后因受叶脉限制而成多角形或四方形，病斑为淡黄褐色。潮湿时叶背面病斑处有乳白色菌脓溢出，干后呈白色发亮菌膜，后期病斑点形成溃疡或裂口，表面也溢出乳白色菌脓，病斑可由果面向果肉扩展，严重时瓜条腐烂。

（2）发病条件　黄瓜角斑病菌主要潜伏于种子内。当温度为15～27℃时病菌繁殖速度快。多雨、多露、温差大，易形成水珠、水滴，侵染快、发病严重。由于黄瓜喜温，低温下发育差，抗病力弱，角斑病在低温多湿条件下发病尤为严重。此外，幼苗徒长、密度过大、水多肥缺等均易降低抗病性，导致易发病。

（3）防治方法

① 种子消毒　可采用如下方法：50～55℃温水浸种20分钟；

图4-6 黄瓜角斑病

次氯酸钙300倍液，浸种30 ~ 60分钟；40%福尔马林150倍液浸种90分钟；100万单位硫酸链霉素500倍液浸种2小时。

② 药剂防治　发病初期喷洒14%络氨铜水剂300倍液，或50%甲霜铜可湿性粉剂600倍液，或60%琥·乙磷铝可湿性粉剂500倍液，或77%可杀得可湿性微粒剂400倍液，或DT杀菌剂500倍液等，交替作用，隔5 ~ 7天喷一次药，或视病情发展而定，连喷3 ~ 4次。喷药前先摘除病叶、病果，防治效果更明显。

7. 番茄病毒病

番茄病毒病是番茄的严重病害。除危害番茄之外，还可危害黄瓜、辣椒、马铃薯等。

(1) 症状及病原类型

① 卷叶型病毒病　叶片沿中脉向上反卷，影响植株正常生长，主要由马铃薯卷叶病毒（PLRV）所致（图4-7）。

② 花叶型病毒病　上部叶片出现细小的不规则失绿斑点，叶面不平展，果实着色不均，品质及产量下降（图4-8）。由烟草花叶病毒OM株系（TMV-OM系）侵染所致。

图4-7　番茄卷叶型病毒病

图4-8　花叶型病毒病

③ 条斑型病毒病　茎部出现褐色纵向坏死条带。叶片黄化至枯死。果实易出现坏死条带，丧失食用价值。主要是由烟草花叶病毒L株系（TMV-L系）侵染所致（图4-9）。

④ 蕨叶型病毒病　叶片皱缩，叶缘曲折，叶肉缺损畸形。此

图4-9　番茄条斑型病毒病

是由于前期TMV病毒侵染，中期由黄瓜花叶病毒（CMV）侵染所致
（图4-10）。

图4-10　番茄蕨叶型病毒病

（2）防治方法

① 选用抗病品种　如强丰、托洛皮克、中杂4号、中蔬6号等。

② 种子消毒　用10%磷酸三钠浸种30分钟，或用70℃高温干热处理种子72小时。

③ 严格防治蚜虫，及早清除病株。

④ 利用弱株系，进行人工免疫接种。

8. 番茄叶霉病

番茄叶霉病发展快，常在短期内严重危害造成很大损失。

（1）症状　叶霉病侵害叶片、叶柄、茎和果实，但以叶片为主（图4-11）。叶片发病自下向上发展，以中部叶片最易感病。叶片受害，先在叶面出现淡黄褪绿斑，边缘不清晰，潮湿时背面着生灰白色病斑，进而褪绿部分变成圆形或不规则形淡黄色病斑，并逐渐呈黄褐色或褐色。叶背病斑上生成黄色或黄褐色绒状霉层，霉层中央较密、边缘较稀。发病严重时病斑连片，叶片干枯卷曲。果实发病常在果蒂部发生近圆形硬化凹陷的黑色硬质病斑。

（2）发病条件　病原菌为真菌，病菌以菌丝块、菌丝体或分生

图4-11　番茄叶霉病

孢子在病残体的组织内或组织上越冬。高湿是发病的重要条件。病菌在 4 ~ 32℃均可发病，而以20 ~ 23℃最适宜。空气相对湿度在90%以上适宜病害流行。植株种植过密、植株徒长以及管理粗放均会加重病害。

（3）防治方法

① 选用抗病品种　如佳粉15号、双抗1号、双抗2号、中蔬4号、中杂8号、中杂9号均可。

② 药剂防治　发病初期可喷施50%甲基托布津可湿性粉剂500倍液、50%多菌灵可湿性粉剂1500 ~ 2000倍液、农抗"BO-10"2000倍液、70%代森锰锌可湿性粉剂500倍液以及1∶1∶（200 ~ 250）倍波尔多液。每隔5 ~ 7天喷1次，连续3 ~ 4次。

9. 番茄早疫病

（1）症状　叶片发生深褐色圆形病斑，有同心轮纹，空气湿度大时，病斑表面产生黑色霉状物，严重时叶片变黄枯萎，果实病斑凹陷，有同心轮纹（图4-12）。

图4-12　番茄早疫病

（2）病原及发病条件　番茄早疫病由半知菌亚门链格孢菌所致。病菌侵染适温26 ~ 28℃，以菌丝或分生孢子越冬并侵染，分生孢子可从气孔、表皮或伤口直接侵入。在高湿条件下，蔓延十分迅速。

（3）防治方法

① 种子用52℃温水浸泡30分钟催芽后播种。

② 药剂防治：初期喷50%多菌灵可湿性粉剂600～800倍液或50%甲基托布津可湿性粉剂700～1000倍液。

10. 番茄晚疫病

番茄晚疫病又称番茄疫病。

（1）症状　番茄茎、叶和果实均可受害，但以叶片和果实受害更为严重（图4-13）。幼苗期发病叶片出现暗绿色水渍状病斑，并向叶柄和茎部扩展，叶腋处病斑黑褐色，使幼苗萎蔫倒伏。潮湿时，病部边缘着白色霉层。成株多由下部叶片发病，从叶尖、叶缘开始，病斑初为暗绿色水渍状，后为暗褐色，病健交界处不明显，无轮纹。潮湿时，叶背面沿病斑外沿产生白色霉状物。茎部受害，病斑由水渍状变暗褐色，后呈黑褐色，稍凹陷，植株萎蔫或由病部折断。果实受害，多在青果时果表面形成油渍状暗绿色至棕褐色病斑，病部呈不规则云纹状扩展。病果质地硬，潮湿时病斑上长有少量白霉。

图4-13　番茄晚疫病

（2）发病条件　病原菌为真菌，病菌以菌丝体在马铃薯块茎以及番茄植株上越冬，低温高湿有利于病害发生。降雨的早晚和雨量的大小及持续时间长短都影响病害发生的程度。在前茬是茄科作物、氮肥过多、植株徒长、通风不良条件下，发病严重。

（3）防治方法

① 选用抗病品种　可选用中蔬4号、中杂4号、强丰、佳粉10

号等。

　　② 药剂防治　一旦发生病害，应立即喷药防治，可采用的药剂有65%代森锌可湿性粉剂500倍液、75%百菌清可湿性粉剂600倍液、25%瑞毒霉可湿性粉剂800倍液、58%瑞毒·锰锌可湿性粉剂400～500倍液、40%乙磷铝可湿性粉剂200倍液、40%疫霉灵200倍液、64%杀毒矾400倍液、95%硫酸铜1000倍液以及1∶1∶（160～200）倍波尔多液等，每5～7天喷一次，共喷3～5次。喷药前后摘除病叶，拔去中心病株。

11. 辣椒炭疽病

　　（1）症状　果实受侵染产生褐色病斑，病斑不规则，略凹陷，后产生同心轮纹及黑色小斑点（图4-14）。叶上发病，病斑和病状与果相似，但叶片病斑易碎裂。

图4-14　辣椒炭疽病

　　（2）病原与发病条件　病原菌为黑刺盘孢菌及丛刺盘孢菌，另为辣椒盘长孢菌所侵染。炭疽病菌以分生孢子附着在种子表面，以菌丝潜伏在种子内越冬或在残体上越冬，成为第二年初侵染来源。孢子萌发以后，由伤口或表皮侵入。

　　本病发生与温度有密切关系。病菌发育温度12～33℃，最适宜温度为27℃，最适相对空气湿度为95%左右，低于70%不适于发育。

（3）防治方法

① 选择抗菌栽培品种，选无病株留种。

② 进行种子消毒，播种前用10%硫酸铜溶液浸泡种子10 ~ 15分钟。

③ 药剂防治：70%甲基托布津800 ~ 1000倍液；40%多菌灵600倍液。

12. 辣椒疱痂病

辣椒疱痂病又称细菌性斑点病，常引起植株大量落叶、落花、落果，对产量、品质影响很大。

（1）症状　幼苗发病，其子叶出现银白色小斑点，呈水浸状，后变为暗褐色病斑，常引起全株落叶而死亡（图4-15）。成株叶片发病后呈水浸状黄绿色小斑点，扩大而变成圆形或不规则形。边缘色深暗而中心色淡，并呈粗糙的凹陷斑，进而病斑相连，叶缘黄色或全叶变黄而脱落。茎上初染病表现出不规则水浸条斑，后略凹陷并木栓化，纵裂呈疱痂斑。果实染病以后，初为黑色或褐色隆起小斑点，后斑点连片而成黑色疱痂斑。

图4-15　辣椒疱痂病

（2）病原及发病条件　病原为野油菜黄单胞菌辣椒斑点病致病型，属细菌。细菌菌体为杆状，两端钝圆，具一条极生鞭毛，能游动。菌体排列呈链状，有荚膜，无孢子，革兰染色阴性。病原菌主要在种子表面越冬，为病害初侵染来源。病菌也可在带菌残体上越冬。病菌从气孔侵入，并在细胞间隙繁殖，导致细胞边缘隆起，寄主细胞被分解，溢出菌脓。病菌发病适温27～30℃，高温有利发病。

（3）防治方法

① 实行播种前种子消毒，用温汤浸泡或用1∶30的农用链霉素浸种30分钟。

② 药剂防治：使用200mg/L农用链霉素液喷植株。用1∶1∶200倍波尔多液喷植株。一般7～10天防治1次，连续2～3次。

13. 甜椒病毒病

（1）症状　以花叶症状为主，整株叶片退绿，有时叶片皱缩不长，叶脉上往往出现坏死斑，还可成为疱状花叶、线叶或坏斑，以致植株矮缩，生长点枯死，果实畸形，茎秆呈坏死条斑（图4-16）。由于有多种病毒侵染，如黄瓜花叶病毒、烟草花叶病毒和马铃薯Y病毒

图4-16　甜椒病毒病

等，可出现多种症状。

（2）发病主要条件　甜椒病毒病的发生和严重程度与气候条件、栽培技术和品种抗病性密切相关。幼苗生长不良、植株发育不正常、偏施氮肥、与番茄轮作、高温干旱以及蚜虫大发生等，均可使病毒病严重发生。

（3）防治方法

① 播种前种子消毒：种子可用10%磷酸三钠浸泡20分钟，漂洗后催芽播种。

② 选用较抗病的品种，如双丰、中椒2号、中椒3号、甜杂1号、早丰1号、津选2号、通椒21等。

③ 蚜虫是传毒媒介，应及早防治。

14. 茄子褐纹病

（1）症状　幼苗和成株均可受害。幼苗发病时，大多在茎基出现梭形水渍状病斑，逐渐呈褐色，稍凹陷，环绕茎部后常猝倒。大苗发病时呈立枯状并在病部着生黑色小软粒。幼苗叶部亦可出现圆形白色小斑，病斑出现轮状小黑点。成株受害时叶片出现白色小点，扩大后呈不规则病斑，中部浅灰色，边缘褐色，病斑有不规则宽纹状褐色小颗粒。由于皮层腐烂致使茎秆折断。果实上出现淡黄色至黄褐色的病斑，稍凹陷，其上呈现出轮状排列的小黑点，病斑使果实腐烂、脱落或干腐挂在枝条上（图4-17）。

（2）发病主要条件　病菌生长发育温度为28～30℃，适温下潜伏期为3～10天，在幼苗期仅潜伏3～5天。在适温下，遇阴雨天气，空气相对湿度连续多天保持在80%以上时，本病易流行。

（3）防治方法

① 播种前种子消毒　带菌种子可用50℃温水浸泡30分钟，然后用凉水降温，晾干备用。或用福尔马林300倍液浸种15分钟，或用10% 401抗菌剂1000倍液浸种30分钟。药液浸种后用清水漂洗，晾干备用。

图4-17　茄子褐纹病

② 药剂防治　发病初期，苗期可喷用65%代森锌可湿性粉剂500倍液，或50%克菌丹可湿性粉剂500倍液，或65%福美锌可湿性粉剂500倍液。定植后在幼苗根基部撒施草木灰或石灰粉，以减少茎部溃疡。成株期可喷1∶1∶200波尔多液，或75%百菌清可湿性粉剂600倍液，每隔7天1次，连续喷洒2～3次。

15. 芹菜早疫病

（1）症状　芹菜早疫病病菌是半知菌亚门尾斑属的真菌。高温多湿条件下，病斑表面生有灰白色稀疏霉层，是病原菌的分生孢子。分生孢子梗丛生，无色或稍有绿色，主要危害叶片，还能危害叶柄和茎部（图4-18）。叶片发病初期，产生黄绿色水渍状圆形斑点，病斑扩展后呈不规则灰褐色，病斑边缘黄色或黑褐色，后变成黑褐色稍凹陷。

（2）发病条件　病原菌以菌丝块在种子上或病株残体上越冬，也能在芹菜株上越冬。适于病菌生育的温度为25～30℃，最适宜温度是25～28℃。阴雨天、雾天，湿度大，植株缺肥细弱最易发病。

（3）防治方法

① 种子处理　用50℃温水浸种15～20分钟，或用多菌灵、敌

图4-18　芹菜早疫病

克松、DT杀菌剂拌种。

　　② 消除病株残体，消灭菌源　育苗和定植时用敌克松、多菌灵、D801等消毒床面。

　　③ 管理　管理中通风排湿，控制湿度在80%以下，或采取高温闷棚杀灭病菌。

　　④ 药剂防治　用75%百菌清可湿性粉剂500 ～ 600倍液，或50%多菌灵可湿性粉剂500倍液，或1：1：（160 ～ 200）的波尔多液加0.1%硫黄粉，每隔7天一遍，交替用药、混合使用效果更好。

16. 芹菜晚疫病

　　（1）症状　病原菌为大小壳针孢菌属的真菌。病斑上生成的小黑点即为病原菌的分生孢子器，球形、褐色。主要危害叶片、叶柄和茎，发病初期为油浸状褐色小斑点，扩展后形成两种病斑（图4-19）。一种病斑较小，为2 ～ 3mm，病斑边缘黄褐色，中间黄白色，病斑外部有一圈黄色晕环，病斑边缘上生有黑色小斑点；另一种病斑较大，斑块3 ～ 10mm大小，病斑褐色，中间灰褐色，边缘红褐色，上面生有许多小黑点。叶柄和茎部的病斑长圆形、黑褐色、稍凹陷，其上生有黑色小斑点。

图4-19　芹菜晚疫病

（2）发病条件　菌丝体潜伏在种皮内越冬，也可以在病株残体及种根上越冬。病原菌生育适宜温度为20～25℃，与芹菜生长适温相同。超过27℃，病菌生育减缓。冷凉多湿的条件易发病，在适温高湿条件下病菌发展很快。

（3）防治方法　早疫病的防治方法同样适合晚疫病。采用50%代森铵水剂800～1000倍液、65%代森锌粉剂500倍液，综合防治，交替用药，混合用药。

17. 生菜灰霉病

（1）症状　此病主要危害叶片和茎基部，幼苗受害多在接近地面的茎、叶上产生灰色霉，严重时近地面整个茎部被侵染，植株凋萎（图4-20）。

（2）发病条件　病株上的病菌是初次侵染源。在秋播拱棚覆盖中的生菜容易发生此病。从冬到早春危害严重，当外部叶片处在通风不良的条件下时，下部叶病重。

（3）防治方法

① 选种　选用健康株留种，播种前用盐水（盐0.5kg加水5kg）

图4-20 生菜灰霉病

选种，并清除与种子混杂的菌核。

② 摘除老叶　可改善通风条件，加强换气，减轻病害。

③ 合理施肥　增施磷、钾肥，清洁田园，拔除发病的病株。

④ 药剂防治　用50%多菌灵可湿性粉剂500倍液、50%托布津可湿性粉剂500倍液或70%托布津可湿性粉剂500倍液、50%氯硝铵可湿性粉剂400倍液、65%代森锌可湿性粉剂400倍液、50%退菌特800倍液、抗菌剂"401"800倍液喷施。还可用1∶2∶（200～240）的波尔多液喷施。7～10天喷1次，连续2～3次。还可用苯菌特水剂2000倍液喷施。

18. 生菜软腐病

（1）症状　此病多发生在生长后期，其病原物为细菌。基质、肥料、昆虫均可带菌。秋播生菜在进入结球期和收获期时，叶茎外观无异常，病原菌由伤口侵入，秋初高温时易发生此病。感染株白天萎蔫，傍晚恢复正常，严重时夜间萎蔫不能恢复（图4-21）。解剖观察可发现茎部空洞化，发出恶臭，最后茎部腐烂死亡。

（2）防治方法

① 定植后连续喷几次40%的有机酮800倍液。

图4-21生菜软腐病

② 药剂防治：发病初期选用50%代森铵水剂800倍液喷施及喷施链霉素200～300单位或喷氯霉素300单位，每隔7～10天喷施1次，连续喷2～3次。注意喷射近地面的植株茎部，以控制病害蔓延。

19. 生菜腐烂病

（1）症状　此病由细菌引起。夏季栽培的生菜由于虫害引起表皮细胞破坏，在高温多湿时会引发此病。冬季栽培由于霜害引起表皮细胞破坏，高温多湿是此病诱导因子。

病状为在结球叶表面的2～3层叶上产生水浸状病斑（图4-22）。严重时整个叶腐烂，并向内叶转移。从结球开始冻害愈重病愈重，最重部分的叶汁可溶性固形物含量最低。进入结球期根部生活力下降，病害若延续到收获期，则损害严重。

（2）防治方法

① 防虫　夏收栽培的生菜从结球开始就注意彻底除虫，以避免害虫伤害结球叶，引起病害发生。

图4-22　生菜腐烂病

② 防冻害　冬收栽培的生菜应注意防止冻害发生，注意保温，定植大苗，缩短生育期可减轻病害发生。

③ 药剂防治　从发病初期喷洒40%的有机酮800倍液。

20. 生菜叶枯病

（1）症状　此病由莴苣壳针孢菌侵染所致。病菌以分生孢子器在病株残体越冬。主要危害叶片，病斑不规则，呈灰褐色至深褐色，叶边缘呈黄褐色，病斑上散生黑色小点，为病原菌的分生孢子器（图4-23）。此病在低温高湿条件下比在高温下发展迅速。潮湿是分生孢子传播和萌发的必要条件。温度在20～25℃和多雨情况下发病严重，并能迅速蔓延和流行。另外，白天干旱、夜间多露、温度过高或过低时，生菜生长不良，抗病力下降，病害加重。

（2）防治方法

① 选用无病种子或对种子消毒　种用母根应选用无病叶柄和茎叶，以防带菌。使用两年陈种有一定防病效果，新种子一定要消毒后使用，可用48～49℃温水浸种39分钟，浸种时不断搅拌，使种子受热均匀。浸种后立刻投入冷水中降温。此法对种子发芽率有影响，一般降低发芽率10%左右，但消毒比较彻底。

图4-23　生菜叶枯病

② 消除病株残体，发病初期可摘除病叶，减少病原。

③ 药剂防治　以防为主。定植缓苗后，每隔10～15天喷药1次。药液为波尔多液（1：0.5：200）、65%代森锌可湿性粉剂500倍液、50%代森铵1000倍液、75%百菌清500～800倍液，在南方可喷洒石灰铜粉（80份石灰、20份硫酸铜粉）或石灰铜硫黄粉（30份石灰，10份硫酸铜粉，10份硫黄粉）。

第二节　蔬菜主要虫害防治

1. 蚜虫

蚜虫是蔬菜无土栽培的主要虫害之一，其种类较多，主要有以下几种：

（1）瓜蚜　瓜蚜每年繁殖20～30代，主要危害瓜类、茄果类作物等。瓜蚜无滞育现象，可周年发生。瓜蚜的繁殖力强，春、秋季节

20天完成一代，夏季4～5天可完成一代，繁殖最适温度16～22℃，干旱条件利于蚜虫发生，一般空气相对湿度75%有利于瓜蚜繁殖。

（2）桃蚜　又称桃赤蚜，尾片上有刚毛6～7条。其寄主较杂，属多食性害虫，主要危害十字花科、菊科以及葫芦科等作物，多群集于叶片背面和植株心叶，使受害部位收缩、变黄以致枯萎（图4-24）。

图4-24　桃蚜

桃蚜年发生15～17代，以卵及孤雌胎生雌蚜越冬，4月下旬至5月上旬为第一个危害高峰，10月为第二个危害高峰。危害适温为18～24℃，空气相对湿度为75%～80%。

（3）苜蓿蚜　苜蓿蚜以危害豆科作物为主，如菜豆、豇豆、扁豆等，幼苗出土以危害心叶为主，以后危害叶片和嫩梢及果荚。一年繁殖15～20代，周年行孤雌生殖，以无翅胎生雌蚜越冬。发生危害最适宜温度为19～22℃，低于15℃或高于27℃不利于繁殖，适宜湿度为60%～70%。

菜蚜以药剂防治为主，有以下几种防治方法：50%敌敌畏乳油1000～1500倍液；50%马拉硫磷1000～1500倍液；2.5%溴氰菊酯5000～6000倍液，25%菌乐合剂2500～3000倍液；烟叶1kg加水10kg浸24小时，兑水50～60kg，加0.1%～0.2%肥皂液，喷叶及植株。

2. 白粉虱

（1）形态特征

① 成虫　体长1～1.5mm，淡黄白色，翅面覆盖白蜡粉，沿翅外缘有一排小颗粒。

② 若虫　1龄若虫长约0.29mm，长椭圆形；2龄若虫长约0.36mm；3龄若虫长约0.5mm，淡绿色或黄绿色，紧贴在叶片上固定生活；4龄若虫又称为蛹，体长0.7～0.8mm，椭圆形。初期虫体扁平逐渐加厚呈蛋糕状，中央略高，黄褐色，体背有长短不齐的蜡丝，体侧有刺。

③ 卵　长约0.2mm，侧面呈长椭圆形。基部有卵柄，柄长0.02mm，从叶背的气孔插入植物组织中，初产淡绿色，覆有蜡粉，而后渐变褐色，孵化前黑色。

（2）生活习性和危害特点　在作物上自上而下分布为：新产的绿卵、变黑的卵、初龄若虫、老龄若虫、伪蛹、新羽化的成虫。产下的卵以卵柄从气孔插入叶片组织中，与寄主植物保持水分平衡，极不易脱落。若虫孵化后3天内在叶背可作短距离行走，当口器插入叶组织后失去爬行能力，开始固定在叶片上生活。白粉虱从春到秋持续发生，到秋季数量最多，集中危害瓜类。

成虫和若虫吸食植物汁液，被害植株叶片变黄萎蔫甚至全株死亡（图4-25～图4-27），还能分泌大量蜜露，污染叶片和果实，引起煤污病的发生，造成减产并降低商品价值。白粉虱还可传播病毒病。

（3）防治方法

① 种植芹菜、蒜黄等白粉虱不喜食的蔬菜，附近要避免种植黄瓜、番茄、茄子、菜豆等白粉虱发生严重的蔬菜，而应栽培油菜、花椰菜等十字花科蔬菜。

② 黄色对白粉虱成虫有强烈的诱集作用，可以设置黄板（硬纸板涂成橙黄色，上涂用10号机油和少许黄油调匀的粘油）诱杀，每亩用30～40块板，隔一周重涂一次。

③ 药剂防治，可选用25%扑虱灵可湿性粉剂、25%灭螨猛可

湿性粉剂、2.5%溴氰菊酯乳油2000 ～ 3000倍液、20%速灭杀丁乳油2000 ～ 3000倍液、2.6%功夫乳油3000倍液、40%菊杀乳油2000 ～ 3000倍液。

图4-25　白粉虱危害菜豆

图4-26　白粉虱危害茄子

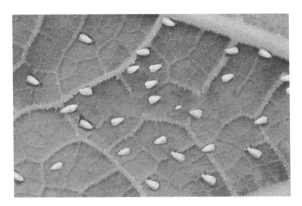

图4-27　白粉虱危害黄瓜

3. 茶黄螨

茶黄螨又称黄茶螨、茶嫩叶螨。除危害黄瓜外，它们在茄子、青椒、番茄、菜豆、豇豆等作物上也时有发生，主要靠爬行传播，也可人为携带或以气流作远距离传播。必须联合防治，以免交叉传播。

（1）形态特征　螨很小，肉眼难以观察识别，在显微镜下才可看到。长约0.2mm，椭圆形，较宽阔，有4对足，身体淡黄色或橙黄色，表皮薄而透明，螨体呈半透明状。卵无色透明。

（2）生活习性和危害特点　一年可发生二十余代，北京地区从5月下旬开始发生，6月下旬至9月中旬为盛发期。茄子发生裂果的高峰在8月中旬至9月上旬。雌虫将卵产在嫩叶背面、幼果凹处或幼芽上，成螨有强烈的趋嫩性，当取食部位变老时，立即转移到新的幼嫩部位，还搬运若螨到植物幼嫩部位。温暖多湿的环境有利茶黄螨发生。

成螨和幼螨集中在植物的幼嫩部位刺吸汁液，致使植物畸形，受害的叶片背面呈现灰褐色，有油脂状光泽，叶片边缘向下卷曲；受害的嫩茎、嫩枝变成黄褐色，扭曲畸形，严重的植株顶部干枯；受害的花和蕾不能开花结果；果实受害时，果柄、果皮等变成黄褐色且木栓化（图4-28和图4-29）。

图4-28　茶黄螨危害茄子　　　　图4-29　茶黄螨危害辣椒

（3）防治方法　茶黄螨繁殖快，生活周期短，应及时检查虫情，尽早用药防治。喷药以植株上部为重点，特别是幼嫩叶背面及嫩茎。发病初期用以下药剂：73%克螨特乳油1000倍液、25%灭螨猛可湿性粉剂1000～1500倍液、20%复方浏阳霉素1000倍液、灭杀毙2000倍液、大王3000倍液、25%增效喹硫磷乳油800～1000倍液等均有效。

4. 红蜘蛛

（1）形态特征　红蜘蛛属蜘蛛蜱螨目叶螨科害虫。其体形很小，繁殖力却极强。成虫呈鲜红或深红色，有4对足，各足无爪。雌成虫椭圆形，雄成虫扁圆形。幼虫又称螨，体近圆形，暗绿色，眼红色，足3对；若虫是幼虫蜕皮后产生，橙红色，足为4对，从幼虫到成虫，体色由透明逐步转为暗绿、橙红色至深红色。

（2）生活习性和危害特点　红蜘蛛每年发生10～20代。北方地区多以雌成虫潜伏在菜叶、土缝及杂草根部越冬，南方则是成虫、若虫、幼虫、卵均可越冬。春暖时先在越冬寄主和杂草上繁殖，后转移至菜田危害。开始时点片发生，靠爬行或吐丝下垂，借风力、雨或人为携带蔓延。先危害茎部老叶，逐步扩散。高温干旱促进繁殖；大雨则可冲刷掉虫体、减轻为害。北方地区3～4月份开始危害，5～7月危害最重；南方6～8月若为高温少雨年份则常常大发生。

红蜘蛛喜群居在叶背面近叶脉处刺吸菜汁液，被害叶面呈黄白色小点，严重时变黄枯焦，以致脱落（图4-30和图4-31）。

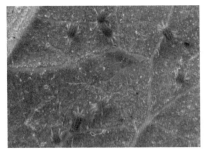
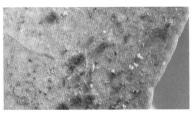

图4-30　红蜘蛛危害冬瓜　　　　图4-31　红蜘蛛危害豇豆

（3）防治方法　50%敌敌畏乳油800倍液喷雾效果较好。另外，也可用0.2～0.3°Bé石硫合剂喷洒，7天喷1次，共喷2～3次。采用25%杀虫脒500倍液喷雾，效果良好。

5. 黄守瓜

黄守瓜又叫瓜守、瓜萤、黄萤、黄油子、瓜叶虫，主要危害瓜类，也可危害十字花科、茄科、豆科等蔬菜。

（1）形态特征　成虫橙黄色，体长8～9mm，腹部肥大，蓝黑色，末节露在鞘翅外面；幼虫体黄白色，头褐色，长约12mm，腹部末端有一对突起，身体表面有小黑点。

（2）生活习性和危害特点　北京地区1年发生1代，以成虫在向阳的杂草、落叶及土缝间潜伏过冬。第二年春暖时出来活动为害。白天取食、交尾、产卵，清晨和黄昏后栖息在叶背。多在根部附近产卵，一个卵块有卵50～60粒，每头雌虫可产卵500余粒，成虫有假死性，行动灵活，不易捕捉。

成虫主要食害子叶以及第1到第5片真叶、花和幼果，咬成圆形或半圆形缺刻。早春移苗前后危害特别严重，常把叶子吃光。幼虫咬食细根或钻入主根及近基质面的茎内，造成瓜苗生长不良、黄萎以致死亡（图4-32）。

（3）防治方法　在菜苗移栽前后到第5片真叶前，消灭成虫，可选用50%辛硫磷乳油1000倍液，或用90%敌百虫晶体1000倍液，或

图4-32 黄守瓜危害南瓜

用40%菊杀乳油2000 ~ 3000倍液；可用90%敌百虫1000倍液灌根，毒杀幼虫；在菜苗附近地面，可撒施石灰粉、锯末、草木灰等，防止成虫产卵。

6. 瓜亮蓟马

（1）形态特征　瓜亮蓟马雌虫体长1.0mm，雄虫略小，体淡黄色（图4-33）。卵长椭圆形，若虫体黄白色，行动缓慢。瓜亮蓟马发育最适温度25 ~ 30℃。

（2）生活习性和危害特点　瓜亮蓟马属缨翅目蓟马科，是一种可危害多种蔬菜作物的害虫。主要危害瓜类作物、茄果类作物以及豆类作物等。瓜亮蓟马吸收作物心叶、嫩叶、幼果汁液，使被害植株的心叶不能伸开，生长点萎缩而出现丛生现象。幼果受害变畸形，严重时造成落果，对产量和品质影响很大（图4-34）。

（3）防治方法　可用50%马拉硫磷乳油1000倍液，50%辛硫磷乳油1000倍液，25%亚胺硫磷乳油500倍液，50%巴丹可湿性粉剂1000倍液防治。

图4-33 瓜亮蓟马成虫

图4-34 瓜亮蓟马危害黄瓜

下篇

第五章
瓜类蔬菜无土栽培技术

第一节　丝瓜

一、概述

丝瓜为葫芦科攀援草本植物，其药用价值很高，以成熟果实、果络、叶、藤、根及种子入药。丝瓜所含各类营养在瓜类食物中较高，所含皂苷类物质、丝瓜苦味质、黏液质、木胶、瓜氨酸、木聚糖和干扰素等特殊物质具有一定的特殊作用。丝瓜主要做汤菜或炒食，为高温季节重要蔬菜之一，由于丝瓜抗性强，耐高温，耐涝，抗病虫害，亦称淡季保险菜。

二、对环境条件的要求

丝瓜耐高温，生长适宜温度为18 ~ 24℃，适应性广，开花结果盛期要求温度更高，在炎热的夏秋只要不缺水肥，开花结果一直很旺盛。在瓜类中以丝瓜最耐湿，在干旱的环境下所结的丝瓜纤维多而老。丝瓜属短日照植物，长光照发育慢，短光照发育快。

三、适合栽培地点

阳台、天台、窗台及庭院空地，注意应选阳光充足的阳面（图5-1）。

图5-1　阳台无土种植丝瓜

四、栽培容器及基质

栽培容器可用各种花盆、塑料箱、栽培槽，大小、容积不限，深度以25～30cm为宜。将种植所用的珍珠岩与陶粒按1：1的比例拌匀作为基质放入槽内。若是第1次使用的基质，可直接放入槽内。若是重复使用的基质，须经过太阳暴晒7～15天后，再放入槽内，浇透水，待种植（图5-2）。

图5-2　丝瓜塑料箱基质栽培

五、种植时间及方式

建议浸种催芽或购买种苗移栽定植。浸种方法为：选择优良瓜种，用清水淘洗后，在50 ~ 60℃的清水中浸泡5分钟，并不断搅拌，取出后放入30℃的清水中浸5 ~ 8小时。在25 ~ 30℃的恒温条件下，将浸泡过的种子进行催芽20 ~ 30小时，要求芽长达到3 ~ 5mm。将催芽后的瓜种点播在基质中。

六、栽培管理要点

每穴只栽植一棵苗，先在容器底部铺一层浸泡的陶砾，以利于排水，然后铺珍珠岩，最后在珍珠岩上盖一层陶砾，然后浇营养液。第一次要浇透，以托盘渗出液体为宜。丝瓜营养生长期不浇水，只浇营养液，每天2次。丝瓜开花结果期需水量大，特别是炎热的夏季，要早、晚浇水，水分不足，丝瓜易纤维化，品质下降。整个生长期要适时进行人工引蔓、绑蔓，以辅助其上架或上棚，棚架有条件者可搭到2m。上棚前的侧蔓均摘除，上棚后的侧蔓一般不再摘除。盛果期，摘除过密的老黄叶和多余的雄花，把搁在架上或被卷须缠绕的幼瓜调整垂挂在棚内生长，摘除畸形瓜。

丝瓜病虫害防治一般以农业防治为主，即采用通风透气、放置防虫网等措施。主要病害是白粉病，防治方法是喷施粉锈宁，常用浓度为1500倍液。另外绵腐病也是丝瓜主要病害，其危害时期为分苗期和结瓜期，被害后导致烂瓜。防治方法为喷洒25%甲霜灵可湿性粉剂800倍液，或72.2%普力克水剂400倍液，瓜期遇多阴雨天气、空气湿度大时，要早防勤防。

七、采收

丝瓜从开花至成熟约需10～12天，成熟时瓜长20～30cm，横径8～15cm。采收标准是瓜身饱满、匀称，果柄光滑，瓜身稍硬，果皮有柔软感而无光滑感，手握瓜尾部摇动有震动感。

第二节　黄瓜

一、概述

黄瓜原名"胡瓜"，一年生蔓生或攀援草本。茎细长，具纵棱，被短刚毛，卷须不分枝。瓠果，狭长圆形或圆柱形。花、果期5～9月份。黄瓜果实嫩时颜色青绿，因此部分地区又称青瓜，长老后会变成黄色。黄瓜栽培历史悠久，种植广泛，是世界性蔬菜。

二、对环境条件的要求

黄瓜是典型的喜温植物，生育适温为10～32℃。白天适温较高，约为25～32℃，夜间适温较低，约为15～18℃。光合作用适温为25～32℃。黄瓜具有明显的短日性，华南黄瓜对短日照敏感，华北黄瓜近中日性，在家庭无土栽培条件下，要求全日见光，只半日见光的阳台和窗台是不能种植黄瓜的。

三、适合栽培地点

阳台、天台、窗台及庭院空地，注意应选阳光充足的阳面（图5-3）。

图5-3　黄瓜阳台无土栽培

四、栽培容器及基质

可在各类花盆内栽培，基质可以草木灰：蛭石=4：6、草炭：蛭石：珍珠岩=2：2：1等配比混匀配制，家庭一般不用有机基质，以利于环境保护，所有基质应在定植前1～2天用水浸透，新基质可直接使用，老基质需蒸煮消毒后再使用。

五、种植时间及方式

早春1～3月份、夏秋季6～8月份适合黄瓜种植（图5-4）。春播采用浸种催芽后育苗移栽，夏秋季浸种直播或干种直播均可。浸种催芽在黄瓜播种中普遍应用，用50～55℃温开水烫种消毒10分钟，不断搅拌以防烫伤。然后用约30℃的温水浸4～6小时，搓洗干净，在28～30℃温暖处保湿催芽，20小时开始发芽。苗龄15～20天（2片真叶）时定植，于晴天傍晚进行，要注意保护根系，起苗前淋透水，起苗时按顺序，防止伤根。不论是槽栽还是盆栽，均需在底部垫2～3层陶粒，以利于通气防止烂根。槽一端或者盆底有孔，陶粒上

图5-4　黄瓜基质栽培

铺3～4cm厚基质，左手将苗立于定植位置后，右手添加基质于苗周围，同时轻压基质，但勿挤压根部以防止伤根。将基质填到盆或槽4/5时，再加两层陶粒，以防止浇入营养液时冲翻基质使苗倒伏，另外也可以起到盆面和槽面整洁美观的作用。定植后，浇透营养液，不浇水，使盆底或槽一端见到渗出液。

六、栽培管理要点

定植后再长2片叶即4片真叶时，开始留瓜，这以后既是结瓜又是长叶，随着苗的长大，每天补充营养液次数由1次逐渐增加到3次，6月拉秧前，补液量由刚定植时每次50mL逐渐增加到每株每日3次，每次500mL。在基质栽培条件下一般室温达到指标时，基质温度基本合适，但在高温期要防止盆内或槽内基质温度过高，可将盆或槽放在阳台南墙下的位置，使瓜秧见光不晒盆，防止基质温度过高。黄瓜在栽培过程中需要整枝打杈和留瓜管理，无论是盆栽还是槽栽，只要单蔓整枝，7～8片叶时将5叶以下叶片、侧枝、小瓜全部摘除，5叶以上节节有瓜，直至20叶打顶。

七、采收

春季黄瓜从定植至初收约55天，夏秋季35天。开花10天左右可采收，即皮色从暗绿变为鲜绿有光泽，花瓣不脱落时采收为佳。头瓜要早收，以免影响后续瓜的生长，甚至妨碍植株生长，形成畸形瓜和植株早衰，从而影响产量。

第六章
绿叶类蔬菜无土栽培技术

第一节 生菜

一、概述

生菜是叶用莴苣的俗称，属菊科莴苣属，为一年生或二年生草本植物。生菜品种很多，按形态可以分为3类：①结球生菜；②散叶生菜；③直立生菜。各类生菜都比较适合无土栽培而且也都适合固体基质栽培和水培，其中最受欢迎的是玻璃生菜。玻璃生菜也叫脆叶结球莴苣，叶片易折碎。现在市场上常见的有两种：球形的团叶包心生菜和叶片皱褶的奶油生菜（花叶生菜）。团叶生菜叶内卷成球状，按其颜色又分为青叶、白叶、紫叶和红叶生菜。青叶生菜纤维素多，白叶生菜叶片薄、品质细，紫叶、红叶生菜色泽鲜艳，质地鲜嫩。

二、对环境条件的要求

结球生菜性喜冷凉的气候，生长适温为18～20℃，莲座期即大叶展开期生长适温为18～22℃，结球期生长适温白天20～22℃、夜间12～15℃，种子发芽适温为15～20℃。种子发芽时具有喜光性，温度适宜、光照充足有利于植株生长。但结球后怕强光照射，叶片生长期需水充足，结球后期少浇水。

三、适合栽培地点

阳台、天台、窗台及庭院空地，注意应选阳光充足的阳面（图6-1）。

图6-1　生菜基质栽培

四、栽培容器及基质

可在各类花盆内栽培，以木屑为主或按照草炭：炉渣=4：6、草炭：珍珠岩=1：1等配制混合基质。

五、种植时间及方式

生菜家庭种植，北方应选择耐寒品种，南方应选择耐热品种。首先进行催芽播种，其目的是为了发芽快，出芽整齐，减少病害。浸种方法是用水浸泡种子2小时，控水后用纱布包好，放入冰箱低温（15 ~ 20℃）催芽，约两天左右出芽，立即取出播种。

生菜属半耐寒性蔬菜，喜冷凉湿润的气候条件，不耐炎热。一般北方地区在春秋冬三季种植，夏季炎热的地区要注意苗期采取降温措施，并注意先期抽薹的问题。春季栽培一般在1月底到2月上旬，秋季栽培常于8月份进行。

也可采用直播方式：一般塑料盘内基质厚度为15 ~ 20cm，在基质上开沟，沟深1cm，行、株距各20cm，用手指划沟即可，每次点2 ~ 3粒，然后将基质刮平轻压。行株距整齐美观，具有观赏价值。

六、栽培管理要点

播后浇营养液，用喷壶浇水，要见到渗出液为止。平时浇液与浇水相结合，每周浇2 ~ 3次营养液、浇水1 ~ 2次，晴天多浇，阴雨天少浇水或者不浇，防止盐分积累，浇水和浇液量以见到渗出液为准，注意在膨大期适当多浇水和营养液，平时要保持光照充足，一般不遮光，经常通风，基质要见湿见干。结球生菜对光照强度要求中等，过强或过弱对其生长都不利。不同生育期对水分要求不同，幼苗期过干苗易老化，过湿易徒长。在事先基质消毒情况下，可连续栽培，直至发现长势不正常时再换基质，容器要用200倍福尔马林溶液浸泡或刷洗，另外也可以换茬种植其他种类叶菜。

七、采收

结球生菜生长期短，一般为20 ~ 30天，多则60天左右就可采收。家庭人口多的，可采用生育期短的品种，错期播种，连续采收。采收标准：可用两手从叶球两边斜按下，以手感坚实不松为宜。

第二节　苋菜

一、概述

苋菜的叶呈卵形或菱形，菜叶有绿色或紫红色，茎部纤维一般较粗，咀嚼时会有渣。苋菜菜身软滑而菜味浓，入口甘香，有润肠胃清热功效，亦称为"凫葵""荇菜""荠菜"。苋菜分为白苋菜及红苋菜，盛产于夏季。当植株未硬化、花蕾未形成前，全株拔起或用刀沿土面切割收获。每200g嫩茎叶约含水分90.1g、蛋白质1.8g、碳水化合物5.4g、钙180mg、磷46mg、胡萝卜素1.95mg、维生素C 28mg。炒食或做汤。

二、对环境条件的要求

苋菜原产热带，不耐霜冻，植株生长适温为23～27℃，20℃以下生长缓慢。在高温短日照条件下易开花结籽。较耐旱，但基质营养丰富、水分充足则生长快、产量高、品质好。适合北方家庭夏秋季栽培。

三、适合栽培地点

窗台、楼顶花园、天台（图6-2）。

图6-2 苋菜无土栽培

四、栽培容器及基质

苋菜不适合水培和岩棉培，最适合固体基质培，所以使用容器以栽培槽最为适宜，也可在人工光照室内以盆栽的方法栽培。如采用装食品用的塑料箱或盘，一般长宽高约为80cm、60cm、20cm，箱内先铺塑料薄膜内衬以防漏水，内装混合基质。以草炭、蛭石配制混合基质，混合比例为1∶1较为适宜。

五、种植时间及方式

早春2～3月份播种。播种后视天气和基质情况进行浇水追肥，10天左右出苗。春季气温低，水分多，一般应控制浇水。苋菜播种可采用直播，待出苗后间苗，直播时可采用撒播或条播。播前先用水或蔬菜播种通用液或综合营养液的稀释液浇透栽培床，在槽底的一个角上扎一孔以便排除废液。

六、栽培管理要点

苋菜出苗后平日每周浇营养液1～2次，以见到渗出液为止，其他时间可以浇水，保持基质湿润。家庭苋菜无土栽培，因是无土基质，所以没有杂草，只是苗子太小、不齐，通风不良，间苗要求拔出细弱的矮苗，使整个栽培槽内整齐一致，行株距要保持均匀美观，使之不仅有食用价值，而且有观赏和绿化的价值。

七、采收

苋菜是一次播种、分批采收的叶菜。第一次采收，多与间苗结合。一般在播种后40～45天，当苗高10～12cm，具有5～6片叶时陆续间垄采收。采收时要掌握采大留小、留株均匀的原则，以增加后期产量。采收后追肥。春播的，采收时间一般为播后2个半月，不准备第二次采收，以茎秆木质化前采收为宜，幼嫩叶均可食用。

第三节　香芹

一、概述

香芹又名水芹、药芹、鸭儿芹，属伞形科二年生蔬菜。原产于地中海和欧洲的部分地区。芹菜除了富含维生素和矿物质外，还含有挥发性的芹菜油，具有浓郁的香味。由于叶片食用时有苦味，故一般以食用叶柄为主，也有人用芹菜叶柄榨汁饮用。另外，芹菜是高纤维食物，它经肠内消化作用产生一种木质素或肠内酯的物质，这类物质是一种抗氧化剂，常吃芹菜，尤其是吃芹菜叶，对预防高血压、动脉硬化等十分有益，并有辅助治疗作用。

二、对环境条件的要求

芹菜性喜冷凉、湿润的气候，属半耐寒性蔬菜，不耐高温。种子发芽最低温度为4℃，最适温度15 ~ 20℃。

三、适合栽培地点

阳台、天台、窗台及庭院空地（图6-3）。

图6-3　芹菜基质栽培

四、栽培容器及基质

可用各种花盆、塑料箱、栽培槽栽培，大小、容积不限，深度以25 ~ 30cm为宜。可采用蛭石与珍珠岩以2∶1比例混合的基质种植。

五、种植时间及方式

芹菜适合直接用种子播种育苗，播种方法为：一般塑料盘内基质厚度15～20cm,在基质上开沟，沟深1cm，行株距各20cm，用手指划沟即可，每次点2～3粒，然后将基质刮平轻压。一般春季栽培，2～3月在温室内育苗，4月下旬定植，5月下旬至7月上旬采收；秋季栽培，6月中旬至7月上旬播种育苗，8月中旬至9月上旬定植，10～11月收获。

六、栽培管理要点

播后覆盖基质要薄且均匀，播后浇营养液，用喷壶浇水，要见到渗出液为止。平时浇液与浇水相结合，每周浇液2～3次、浇水1～2次，晴天多浇，阴雨天少浇水或者不浇，防止盐分积累，浇水和浇液量以见到渗出液为准。

七、采收

芹菜苗定植之后大约50～60天，株高70～80cm时，根据需要，适时收获。

第四节 小白菜

一、概述

小白菜又名不结球白菜、青菜、油菜。原产于我国，在我国栽培十分广泛，南北各地均有分布。十字花科芸薹属，一二年生草本植物，常作一年生栽培。植株较矮小，浅根系，须根发达。叶色淡绿至墨绿，叶片倒卵形或椭圆形，光滑或皱缩，少数有茸毛。叶柄肥厚，白色或绿色。不结球。花黄色，种子近圆形，红褐色或黑褐色。

二、对环境条件的要求

小白菜喜凉爽温和气候，不耐热，有些品种较耐寒。在4～40℃温度范围均可发芽，发芽适温为20～25℃，生长适温为15～20℃，25℃以上高温生长不良，易衰老，品质差。对光照要求不严，但充足阳光有利于生长，光照过弱会引起植株徒长。

三、适合栽培地点

小白菜生长期短，栽培容易，家庭栽培可选择在阳台、天台、客厅或房前屋后的庭院（图6-4）。

图6-4　小白菜无土栽培

四、栽培容器及基质

栽培容器可用浅的花盆、木盆、泡沫塑料箱等，容器深度15～20cm即可，也可以在天台上用砖砌成栽培槽。可采用蛭石与珍珠岩以2∶1比例混合的基质种植。

五、种植时间及方式

播种时间：南方全年可播种，但夏季炎热生长不好，以春、秋季生长佳。北方春、夏、秋三季均可，冬天若阳台有加温设备，也可在室内种植，但生长期会加长。小白菜播种极易出苗，可直播，也可育苗移栽。家庭栽培一般以直播为主。直播方法为：一般塑料盘内基质厚度15～20cm，在基质上开沟，沟深1cm，行株距各20cm，用手指划沟即可，每次点2～3粒，然后将基质刮平轻压。行株距整齐美观，具有观赏价值。

六、栽培管理要点

播后浇营养液，用喷壶浇水，要见到渗出液为止。平时浇液与浇水相结合，每周浇2～3次营养液、浇水1～2次，晴天多浇，阴雨天少浇水或者不浇，防止盐分积累，浇水和浇液量以见到渗出液为准。

七、采收

小白菜植株长到一定大小可随时采收。成株采收标准：外叶叶色开始变淡，基部外叶发黄，叶丛由旺盛生长转向闭合生长，心叶伸长到与外叶齐平时可采收。

第五节　菠菜

一、概述

菠菜又名波斯草、赤根菜。原产于波斯（现伊朗）地区，唐朝时传入我国，在我国栽培历史悠久，各地均有栽培。藜科菠菜属，一二年生草本植物。株高30 ~ 50cm。主根发达，须根系，肉质根红色。叶呈莲座状，深绿色，椭圆形或戟形。花雌雄异株，偶尔也有雌雄同株的。雄花呈穗状或圆锥花序，雌花簇生于叶腋，花黄绿色。胞果，果实具棱刺或无刺，果皮坚硬，灰褐色。

二、对环境条件的要求

菠菜喜冷凉环境条件，耐寒。冬季气温在-10℃以上的地方也可露地越冬。最适发芽温度为15 ~ 20℃，最适生长温度为20℃左右，25℃以上生长不良。不耐干旱。

三、适合栽培地点

阳台、天台、庭院空地（图6-5）。

图6-5　菠菜基质栽培

四、栽培容器及基质

可采用花盆、各种箱子、砖或木板搭成的栽培槽，深度20 ~ 50cm。可采用蛭石与珍珠岩2 ：1比例混合的基质种植。

五、种植时间及方式

菠菜依其种子的外形分为有刺种和无刺种。有刺种叶戟形或卵形，先端尖，一般称尖叶菠菜，成熟较早，叶片较薄，品质较差。无刺种叶片卵圆形，先端钝圆，成熟晚，叶大而厚。家庭栽培以圆叶菠菜为好，多以秋播为主。如果夏天栽培则应选用耐热和不易抽薹的品种。菠菜一般采用直播，以撒播为主，可干种直播，也可事先对种子进行处理。菠菜种子果皮内层是木栓化的厚壁组织，通气和透水困难。播前可先把果皮弄破而后浸种催芽，或将种子浸凉水约12小时后，放在4℃低温的冰箱里处理24小时，然后在20～25℃的条件下催芽，经3～5天出芽后播种。播前先浇透水，播种后覆一层1cm厚的基质，保持基质湿润，以利出苗。干种直播约需3～4天出苗，若催芽则播种后1～2天可出苗。出苗后及时间苗，3～4片真叶时可定苗或移栽至别处，苗距为20～25cm。

六、栽培管理要点

播后浇营养液，用喷壶浇水，要见到渗出液为止。平时浇液与浇水相结合，每周浇2～3次营养液、浇水1～2次，晴天多浇，阴雨天少浇水或者不浇，防止盐分积累，浇水和浇液量以见到渗出液为准。

七、采收

菠菜播后30天可陆续采收，共采收2～3次。也可一次采收完毕。菠菜叶片及嫩茎可供食用。茎叶柔软滑嫩、味美色鲜，含有丰富的维生素、胡萝卜素、蛋白质，以及铁、钙、磷等矿物质。除以鲜菜食用外，还可脱水制干和速冻。

第六节　空心菜

一、概述

　　空心菜又名蕹菜、通菜。空心菜原产于我国热带多雨地区，我国南方各省以及非洲、东南亚地区均有栽培。旋花科番薯属，一年生或多年生蔓性草本。株高30 ~ 60cm。茎扁圆形，具长柄。聚伞花序，腋生，花冠漏斗形，花白色。种子近圆形，黑褐色。

二、对环境条件的要求

　　空心菜喜高温多湿环境，耐热性强，不耐霜冻，遇霜冻则茎叶枯死，生长适温为25 ~ 30℃，能耐35 ~ 40℃高温，10℃以下生长停滞，耐湿。

三、适合栽培地点

　　阳台、天台、窗台及庭院空地。

四、栽培容器及基质

　　可用各种花盆、箱子、栽培槽等，深度20cm即可。可采用蛭石与珍珠岩以2：1比例混合的基质种植（图6-6）。

五、种植时间及方式

　　空心菜可用播种、分株、扦插方法种植。家庭第一次种植一般采

图6-6　空心菜基质栽培

用播种的方法。空心菜种子的种皮厚而硬，若直接播种发芽慢，如遇长时间的低温阴雨天气，则会引起种子腐烂。为增加出苗率，可先行对种子进行催芽处理，方法是：用30℃左右的温水浸种15～18小时，然后用纱布包好放置容器内，置于28～30℃温度下催芽，当种子有一半以上露白时即可进行播种。空心菜多撒播，撒播后用基质覆盖1cm厚左右。播种后保温、保湿，一般2～3天可出苗。空心菜生长期间会从侧面生出新的分蘖，将新的蘖株小心带根拔出，另行栽种即可。另外，亦可在生长期间摘取长15cm左右的顶梢扦插繁殖，只要扦插土壤湿度适宜，插梢就会很快长出不定根，并抽出新梢。播种苗要不断间苗，最后定苗的行株距为25cm×20cm。

六、栽培管理要点

播后浇营养液，用喷壶浇水，要见到渗出液为止。平时浇液与浇水相结合，每周浇2～3次营养液、浇水1～2次，晴天多浇，阴雨天少浇水或者不浇，防止盐分积累，浇水和浇液量以见到渗出液为准。

七、采收

空心菜应适时采收。一般在苗高25～35cm时即可采收。在进行第一、二次采收时，茎基部要留足2～3个节，以利采收后新芽萌发，促发侧枝。采收3～4次之后，应对植株进行一次剪短，即茎基部只留1～2个节，防止侧枝萌发生长过多，导致生长纤弱。空心菜的食用部位为其嫩茎叶，颜色翠绿，不仅营养丰富，而且具有清热、解毒、利尿、止血等药用价值，可炒食、汤食。

第七节　茼蒿

一、概述

茼蒿又名蓬蒿、菊花菜、蒿菜，为菊科菊属一二年生草本植物。茼蒿的根、茎、叶、花都可作药，有清血、养心、降压、润肺、清痰的功效。茼蒿具特殊香味，幼苗或嫩茎叶供生炒、凉拌、做汤食用。

二、对环境条件的要求

茼蒿属浅根性蔬菜，性喜冷凉，不耐高温，生长适温20℃左右，12℃以下生长缓慢，29℃以上生长不良。茼蒿对光照要求不严，一般以较弱光照为好。在长日照条件下，营养生长不充分，很快进入生殖生长而开花结籽。因此在栽培上宜安排在日照较短的春秋季节。肥水条件要求不严，但以不积水为佳。

三、适合栽培地点

阳台、天台、窗台及庭院空地（图6-7）。

图6-7　茼蒿阳台、屋顶基质栽培

四、栽培容器及基质

可采用各种花盆、箱子、栽培槽等，深度20cm即可。可采用蛭石与珍珠岩以2∶1比例混合的基质种植。

五、种植时间及方式

茼蒿植株小、生长期短，多采用直播，撒播、条播也可。为促进出苗，播种前用30～35℃的温水浸种24小时，洗后捞出放在15～20℃条件下催芽，每天用清水冲洗，经3～4天种子露白时播种。也可采用穴播，一般塑料盘内基质厚度15～20cm，在基质上开沟，沟深1cm，行株距各20cm，用手指划沟即可，每次点2～3粒，然后将基质刮平轻压。

六、栽培管理要点

播后浇营养液，用喷壶浇水，要见到渗出液为止。平时浇液与浇水相结合，每周浇2 ~ 3次营养液、浇水1 ~ 2次，晴天多浇，阴雨天少浇水或者不浇，防止盐分积累，浇水和浇液量以见到渗出液为准。

七、采收

茼蒿采收分一次性采收和分期采收。一次性采收约在播后40 ~ 50天，苗高20cm左右时，贴土面收割，收获过晚茎皮老化、品质降低。分期采收可于主茎基部留茬收割，保留1 ~ 2个侧枝，每次采收后浇水追肥，促进侧枝萌发生长，20 ~ 30天后可再次采收。

第七章
茄类蔬菜无土栽培技术

第一节 茄子

一、概述

茄子是茄科茄属一年生草本植物。其结出的果实可食用，颜色多为紫色或紫黑色，也有淡绿色或白色品种，形状上也有圆形、椭圆形、梨形等多种。茄子在杭州地区栽培历史悠久，为夏季主要蔬菜品种之一。茄子抗性较强、易栽培，供应时间长，4～11月均有鲜茄供应，果实质地柔软，含蛋白质和钙较多。

二、对环境条件的要求

茄子为喜温作物，较耐高温，结果的适宜温度为25～30℃。对光周期长短的反应不敏感，只要温度适宜，从春到秋都能开花、结果。茄子需水量大，适宜的空气湿度为70%～80%。

三、适合栽培地点

阳台、天台、窗台及庭院空地均可栽培，注意应选阳光充足的阳面（图7-1）。

图7-1 茄子家庭无土栽培

四、栽培容器及基质

种苗购买后要及时定植到盆栽容器中，一盆一苗。也可以采用种植槽方式。容器深度在15cm以上，直径在25cm以上为好。定植时盆内基质面要低于盆边沿约1cm，定植后浇透水，以便缓苗。可采用蛭石与珍珠岩以2∶1比例混合的基质种植。

五、种植时间及方式

建议在春天播种或购买种苗移栽定植。自己育苗可采用先催芽再育苗的方式，催芽前可先用1%的高锰酸钾浸种30分钟，经反复冲洗后，放入55℃水中浸种15分钟，而后在20℃水中浸泡24小时。催芽前用细沙搓掉种皮上的黏液，然后包在湿布里，放在25～30℃处催芽，一般需5～6天出芽。育苗基质可采用蛭石与珍珠岩2∶1比例的混合基质，先将育苗钵或者废弃塑料饮水杯中的基质轻压，在钵中心的基质上扎一穴，穴深超过种芽的长度，然后用镊子将种芽轻轻夹起，使种芽朝下插入穴中，种芽和基质要相平，每穴一芽，然后浇营养液，使钵底见到渗出液，再覆盖不超过1cm的松散基质，不要压实。出苗前一般不浇水，只要基质保持湿润即可。播种后保持基质温度28～30℃，当60%种子出苗后，保持白天温度25～28℃、夜间15～18℃，天气炎热时，每天上午10点洒1次透水，当茄子出现4片真叶时可移栽定植。

六、栽培管理要点

选择生长旺盛、整齐一致的苗子，采用双行错位定植法定植，同行株距45cm，保持植株基部距栽培槽内沿10cm，定植深浅程度与原栽培面持平，边定植边浇营养液。定植后随着茄苗的长大，逐渐增加补液量以及补液的次数。由3叶1心定植开始，每天补液1～2次，每次每株50～100mL，逐渐增加到200～300mL，晴天多补，阴雨天少补或不补。补液的方法是：从盆上面均匀浇液，并且在补液前将盆底或槽底接得的渗出液先浇上再补液。补液原则是从盆上浇液后，盆底见到渗出液为准。

七、采收

于萼片与果实连接处无白色环带时采收，早熟品种开花20～25天后就可采收。采摘时不要硬拽，用干净的剪刀剪下来即可。

第二节　番茄

一、概述

番茄为茄科一年生或多年生草本植物。植株高0.6 ~ 2m，全株被黏质腺毛。茎为半直立性或半蔓性，易倒伏，高0.7 ~ 1.0m或1.0 ~ 1.3m不等。茎的分枝能力强，茎节上易生不定根，触地则生根，所以番茄扦插繁殖较易成活。奇数羽状复叶或羽状深裂，互生；叶长5 ~ 40cm；小叶极不规则，大小不等，常5 ~ 9枚，卵形或长圆形，长5 ~ 7cm，前端渐尖，边缘有不规则锯齿或裂片，局部歪斜，有小柄。花为两性花，黄色，自花授粉，复总状花序。花3 ~ 9朵，成侧生的聚伞花序；花萼5 ~ 7裂，裂片披针形至线形，结果时宿存；花冠黄色，辐射状，5 ~ 7裂，直径约2cm；雄蕊5 ~ 7根，花丝短，花药半聚合状，或呈一锥体绕于雌蕊；子房2室至多室，柱头头状。

二、对环境条件的要求

番茄是喜温性蔬菜，在正常条件下，同化作用最适温度为20 ~ 25℃，根系生长最适土温为20 ~ 22℃。番茄是喜光作物，光饱和点为70000lx，适宜光照强度为30000 ~ 50000lx。其为短日照植物，在由营养生长转向生殖生长过程中基本要求短日照，但要求并不严格，有些品种在短日照下可提前现蕾开花，多数品种则在11 ~ 13小时的日照下开花较早，植株生长健壮。番茄既需要较多的水分，但又不必经常大量地灌溉，一般以基质湿度60% ~ 80%、空气湿度45% ~ 50%为宜。空气湿度大，不仅阻碍正常授粉，而且在高温高湿条件下病害严重。

三、适合栽培地点

阳台、天台及庭院空地均可栽培，注意应选阳光充足的阳面（图7-2）。

图7-2　番茄阳台、屋顶无土栽培

四、栽培容器及基质

番茄适用于盆栽或者槽栽，应考虑在家庭窗台和阳台的摆放位置。应准备带底孔的塑料花盆或者陶瓷花盆，口径18 ~ 20cm，盆深约22cm，为了满足番茄需水量和通气，在盆底部加一层边缘高出盆底2cm的塑料内衬，在内衬里加满陶粒，也可用塑料废包装制作种植槽，槽宽20cm、深13 ~ 15cm、长度根据摆放位置而定。一般70cm长的槽，可以定植3株。如果场地比较大，也可以采用砖砌种植槽的方式，槽内宽48cm，槽边框高24cm，砖要平放，槽距72cm。槽基部铺一层0.1mm厚的塑料薄膜，用最上层的砖压紧膜边，膜上铺

3cm厚的洁净河沙，沙上铺一层编织袋，袋上填栽培基质。基质可采用草炭：蛭石：珍珠岩比例为2：2：1的混合基质，家庭种植一般不用有机基质，所有基质在定植前1～2天用水浇透。

五、种植时间及方式

番茄幼苗可以采用购买或者自己育苗方式获得。首先需要浸种催芽，大部分种子露白后即可播种。然后再进行育苗，育苗基质一般选用草炭：蛭石：珍珠岩比例为2：2：1的混合基质。育苗时，先将育苗钵或者废弃塑料饮水杯中的基质轻压，在钵中心的基质上扎一穴，穴深超过种芽的长度，然后用镊子将种芽轻轻夹起，使种芽朝下插入穴中，种芽和基质要相平，每穴一芽，然后浇营养液，使钵底见到渗出液，再覆盖不超过1cm的松散基质，不要压实。出苗前一般不浇水，只要盘内保持湿润即可。出苗前温度保持在25～30℃，出苗后温度为白天20～25℃、夜间保持10～15℃。基质要保持湿润，长出3～4片真叶即可取出育苗钵定植，从播种到定植大约30天（图7-3）。

图7-3　番茄家庭育苗

六、栽培管理要点

定植后随着番茄苗的长大，逐渐增加补营养液量以及补营养液的次数。由3叶1心定植开始，每天补营养液1～2次，由每次每株50～100mL，逐渐增加到200～300mL，晴天多补，阴雨天少补或不补。补营养液的方法是：从盆上面均匀浇营养液，并且在补营养液前将盆底或槽底接得的渗出液先浇上再补营养液。补营养液原则是从盆上浇液后，盆底见到渗出液为准。从子蔓伸出6～7片叶子后到成熟，每天补营养液3次，每次每株500mL。同样是晴天多补，阴雨天少补或不补。由于长时间补营养液，基质表面会引起盐分积累，在基质表面出现白色粉末，造成苗茎基部表皮腐烂，因此每周要从盆面喷水1次，要喷透，至洗掉盐水为止，然后补营养液。定植后，白天温度保持在22～25℃，夜间保持在10～15℃。坐果后白天保持在25～28℃，夜间12℃。番茄6～7片叶时吊蔓，采用单干整枝，只保留主轴生长，摘除全部侧枝。为保证植株生长健壮，打杈应在侧枝长10～15cm时进行。为保证较高的产量，要进行保花保果和疏花疏果，可在早晨7～9时用浓度为25～35mg/kg的番茄灵蘸花。为确保果大质优，每穗果留3～4个。

七、采收

适时采果。番茄成熟分绿熟、变色、成熟、完熟4个时期。贮存保鲜可在绿熟期采收。自食应在成熟期即果实1/3以上变红时采摘。采收时应轻摘轻放。

第八章
芽苗类蔬菜栽培技术

第一节　豌豆苗

一、概述

　　用豌豆种子生产的豌豆苗，叶肉厚，纤维少，品质嫩滑，清香宜人，被誉为菜中珍品。我国各大城市已普遍栽培，全年供应，是各种宴会及火锅店的必备佳肴，也是寻常百姓的保健蔬菜。

二、对环境条件的要求

　　豌豆苗对光照条件的要求不严格，有较广泛的适应性，但光照太强或太弱都会影响品质。豌豆苗产品形成期生长适温为18 ～ 23℃，最高温度不高于30℃，最低不低于14℃。

三、适合栽培地点

　　一般放置在阳台或厨房窗户旁边（图8-1）。

图8-1　豌豆苗家庭无土栽培

四、栽培设备

在家里可选择30cm×25cm平底有孔的洗菜筐子作为育苗盘，基质用一般的卷纸巾外加棉布即可，还要准备喷壶和泡种子用的碗。一般采用自来水最好，河水、井水也可以使用。

五、种植时间及方式

首先要剔除发霉、破损及干瘪的种子。种子精选后应用清水淘洗，洗净的种子再用20～30℃温水浸种，浸种水量应超过种子体积的2～3倍，浸泡18～24小时（冬季浸种时间稍长，夏季稍短）。浸胀后用清水清洗干净，沥干水，即可播种。播种育苗盘内垫一张纸或纱布，每盘播种140g左右（电饭锅盛米用的杯子，一满杯大约为

140g 干种子）。同时，注意剔除霉烂破皮的种子，种子分布均匀，以不留空白也不重叠为宜。因为是家庭种植，一次播两盘，把两个育苗盘叠起来放，注意上下都要加棉布或纱布以保持湿度。

六、栽培管理要点

催芽期间，每日需喷1～2次清水，并将育苗盘上、下倒换。如发现烂种要及时挑除。当苗高2cm左右时即可上架。夏天温度较高，种子在发芽过程中产生的积温容易造成烂种，可早一点上架减少烂种；冬天温度低，种子在发芽过程中产生的积温有利于生长，可晚一点上架，只要长的苗不顶上面的盘，都可叠盘催芽。

当种子发芽完成后注意让其接受自然光照，这时可揭开上面的纱布。阴雨天少浇水，干燥天多浇水，苗高5cm之前少浇水，打湿种子和纱布即可，苗高5cm以后多浇水，每天浇水2～3次，以盘内不积水且不滴水为宜。豌豆苗生长适温20℃左右，超过30℃时生长受阻，低于14℃时生长十分缓慢。可用暖气或煤炭炉等增温，效果比较理想。

七、采收

当苗长到10cm左右，顶部真叶刚展开，即可采收，从距根部2～3cm处剪下就可以了。

第二节 黑豆芽

一、概述

黑豆芽（小豆芽）是一种口感鲜嫩、营养丰富的芽菜，其鲜嫩洁白、无污染，含有丰富的钙、磷、铁、钾等矿物质及多种维生素，含量比绿豆芽还高。

二、对环境条件的要求

黑豆芽的生长适宜温度为18 ～ 25℃。生产中要通过加温、通风和用遮阳网或采用其他覆盖物等措施进行控温。

三、适合栽培地点

一般放置在阳台或厨房窗户旁边。

四、栽培设备

在家里可选择30cm×25cm平底有孔的洗菜筐子作为育苗盘，基质用一般的卷纸巾外加棉布即可，还要准备喷壶和泡种子用的碗。一般采用自来水最好，河水、井水也可以使用（图8-2）。

图8-2　黑豆芽家庭无土栽培

五、种植时间及方式

首先要剔除发霉、破损及干瘪的种子，种子精选后应用清水淘洗，洗净的种子再用20～30℃温水浸种，浸种水量应超过种子体积的2～3倍，浸泡18～24小时（冬季浸种时间稍长，夏季稍短）。浸种过程中应换水1～2次，并轻轻搓洗，漂去种皮上的黏液，但不要损坏种皮，以提高发芽速度和发芽率。浸种结束，捞出种子，沥去多余水分，以待播种。先将育苗盘冲洗干净，并铺上基质，栽培基质选用干净、无毒、质轻、吸水力好的纸或者无纺布等。将基质湿透再播种。播种要求均匀，种子紧密，稍有重叠。

六、栽培管理要点

催芽期间要注意湿度，如发现基质发干，要及时加水，但不要过多。黑豆芽对光照要求不太严格，对水分则要求在白天喷水2～5次。一般掌握冬春每天喷水2～3次，夏天3～5次。每次浇水以盘内湿润，不淹没种子，不大量滴水为宜。空气湿度保持在80%左右。基本掌握前期少浇水，中后期多浇水，阴雨、雾天温度低时少浇水，高温、空气湿度小时多浇水的原则。家庭无土栽培效果比较理想。

七、采收

当苗长到8～12cm，顶部子叶展开，心叶未出时即可采收。

第三节　香椿芽

一、概述

传统的香椿芽是香椿树上采摘下来的嫩芽（又称树芽香椿），具有很强的季节性，供应市场的时间很短、产量很低，无法满足人们的需要。香椿苗是由香椿种子培植出来的一种高档芽菜（又称种芽香椿、籽芽香椿），与树芽香椿相比，品质更佳，生产周期短，效率高。香椿苗颜色鲜绿、香气浓郁、风味鲜美、营养丰富，是一种深受大众喜欢的绿色保健蔬菜。

二、对环境条件的要求

温度和水分是香椿种芽生长必需的环境因子。种芽生长适温为15 ~ 25℃，要注意遮阳，避免直射光照射，以防降低品质。首先满足温度要求，其次要调节好适宜的空气湿度。

三、适合栽培地点

一般放置在阳台或厨房窗户旁边。

四、栽培设备

选用轻质塑料盘，规格一般为60cm×25cm×5cm；基质采用珍珠岩最好，其重量轻、通透性好（图8-3）。

图8-3　香椿芽塑料盘无土栽培

五、种植时间及方式

选当年采收新香椿种子，清除杂质，种子去翅。用55℃温水浸种，浸泡12小时后捞出，漂洗，沥去种子表面水分，置于23℃恒温下催芽。2～3天后，种芽长到1～2mm时即可播种。预先将育苗盘洗刷干净，底层铺放一层白纸，白纸上平摊一层厚约2.5cm的湿珍珠岩（珍珠岩与水量体积比为2︰1）。然后将已催好芽的香椿种子均匀撒播于基质上，播后种子上再覆盖厚约1.5cm左右的珍珠岩，覆盖后立即喷水，喷水量为覆盖层珍珠岩体积的1/2，也可先喷湿珍珠岩，然后再覆盖。

六、栽培管理要点

播后5天，种芽即伸出基质，10天后，香椿种芽下胚轴长达8～9cm、粗约1.0mm，根长6cm左右。在此期间应定时喷雾，保持空气相对湿度始终在80％左右，加快种芽生长，促进品质柔嫩。

七、采收

播后12～15天，当种芽下胚轴长达10cm以上、尚未木质化，子叶已完全展平时采收最佳。采收时将种芽连根拔出，冲洗干净，即可食用。

第四节　萝卜苗

一、概述

萝卜苗是萝卜种子经催芽而生的嫩茎叶。萝卜苗含有丰富的维生素C和维生素A，并含有维生素B_1和维生素B_2及丰富的矿物质如钙、镁、铁、钠、磷等，加之食味辛辣，洁净卫生，深受人们喜爱。

二、对环境条件的要求

萝卜种子在2～3℃就能发芽，发芽适温20～25℃。幼苗能耐-3～-2℃的低温和25℃的高温，5～25℃能较好生长，生长适温15～20℃。温度过高萝卜苗容易霉烂，过低萝卜苗生长缓慢甚至停止。温度管理的目标就是控制环境温度在萝卜苗生长适温范围（15～20℃）内，最多不能超出5～25℃的范围。

三、适合栽培地点

一般放置在阳台或厨房窗户旁边（图8-4）。

图8-4　萝卜苗家庭无土栽培

四、栽培设备

在家里可选择30cm×25cm平底有孔的洗菜筐子作为育苗盘，基质用一般的卷纸巾外加棉布，也可用沙，还要准备喷壶和泡种子用的碗。一般采用自来水最好，河水、井水也可以使用。

五、种植时间及方式

先进行种子精选，而后放入20～30℃温水中浸种12小时，漂洗，沥去种子表面水分，置于20℃恒温下催芽。2～3天后，种芽长到2～3mm时即可播种。将育苗盘洗刷干净，用沙基质培养的要在育苗盘底铺一层报纸，报纸上平摊一层厚2cm的沙，然后将已催好芽的萝卜种子均匀撒播在盘中。用沙基质培养的需在种子上再覆盖一层厚0.5cm的沙，而后立即喷水，以微有积水为宜。

六、栽培管理要点

将播有种子的盘移到黑暗条件下培养5天，每天浇一次水和营养液（具体配方见附录），所喷营养液量随种子发芽后胚轴的伸长和子叶的展开程度而增加。温度保持在10 ~ 25℃，相对湿度要保持在85%左右，而后将育苗盘移到光下进行光照培养，每天喷水5 ~ 6次，并喷施营养液。

七、采收

经绿化后待萝卜苗长到8 ~ 10cm时用刀片切根采收。

第五节　花生芽

一、概述

将花生种子发芽后作为芽菜食用，其产品除口感清脆、柔滑香甜、风味独特外，并因其所含蛋白质由贮藏蛋白转化为结构蛋白，更易为人体吸收，有利于人体健康，从而被誉为万寿果菜。

二、对环境条件的要求

花生种子在吸水量达自身重量的40%以上时，才能开始萌动。花生种仁在10℃时不能发芽，最适发芽温度为25 ~ 30℃。

三、适合栽培地点

一般放置在室内或者是可以很好遮光的地方，但是要选择空气流通性好的位置。

四、栽培设备

在家里可选择30cm×25cm平底有孔的洗菜筐子或者塑料盘作为育苗盘（图8-5）。基质一般选用报纸和洁净的河沙，还需准备喷壶和泡种子用的碗。一般采用自来水最好，河水、井水也可以使用。

图8-5　花生芽育苗盘无土栽培

五、种植时间及方式

应选当年产花生，在种子剥壳时将病粒、瘪粒、破粒剔除，留下粒大、籽粒饱满、色泽新鲜、表皮光滑、形状一致的种子。浸种时间不宜过长，在20℃温水中，浸种12～20小时。浸种完毕后，在清水中淘洗1～2次。花生种仁在10℃时不能发芽，最适发芽温度为25～30℃，在3～4天后发芽率可达95%。催芽时用平底浅口塑料网眼容器或塑料苗盘，种子厚度不超过4cm，每天淋水2～3次，每次淋水要淋透，以免种子过热发生烂种。在第一次催芽2～3天后，将催芽的种子进行一次挑选，去除未发芽的种子，将已发芽的种子进行二次催芽，适宜温度为20～25℃。温度过高，生长虽快，但芽体细弱，易老化；温度过低，则生长慢，时间长易烂芽或子叶开张离瓣，品质差。

六、栽培管理要点

每天淋水3～4次，务必使苗盘内种子浇透，以便带走呼吸热，保证花生发芽所需的水分和氧气，同时进行"倒盘"。盘内不能积水，以免烂种。花生芽生长期间始终保持黑暗，播种后将苗盘叠起，盖上黑色薄膜遮光，在芽体上压一层木板，给芽体一定压力，可使芽体长得肥壮。

七、采收

发芽时胚根首先伸长突破种皮，同时胚轴也向上伸长、变粗。食用标准为：根长为0.1～1.5cm，乳白色，无须根。下胚轴象牙白色，长1.5cm左右，粗0.4～0.5cm。种皮末脱落，剥去种皮，可见乳白色略带浅棕色花斑纹的肥厚子叶，在正常情况下一般每1kg种子可产3kg的果芽。

第六节　蒜黄

一、概述

蒜黄是大蒜的幼苗，遮光培养，故蒜叶呈嫩黄色，质地也比较柔嫩。品质好的蒜黄柔软细嫩，植株肥壮，叶蜡黄色，叶尖稍带浅紫色，基部嫩白，叶尖不烂、不干，富有清香味，辣味不浓，洁净卫生，深受人们喜爱。

二、对环境条件的要求

蒜黄生长期短，对温度适应范围广，在12 ～ 30℃条件下均能生长。

三、适合栽培地点

一般放置在室内或者可以很好遮光的地方，但是要选择空气流通性好的位置。

四、栽培设备

在家里一般选择轻质木箱，木箱规格为60cm×25cm×30cm。要求箱底平整，有排水孔和通气孔（图8-6）。

图8-6　蒜黄家庭无土栽培

五、种植时间及方式

　　将蒜根发褐、肉色发黄的蒜瓣和病残蒜头剔除后，用清水浸泡蒜种12小时，使其吸收足够的水分。播种前将苗箱洗干净，箱底铺一层报纸后再撒上薄薄一层洁净河沙作栽培基质。将浸好的蒜头紧密地排在箱内沙面上，空隙处用蒜瓣填满，随后喷水，一般每平方米面积播干蒜头15kg左右。播种完成后箱面上铺盖草帘，保持栽培室内黑暗即可。

六、栽培管理要点

　　栽培室内温度保持在25 ~ 27℃，每天喷水2 ~ 3次，经常通风。出苗后温度降至18 ~ 22℃。采收前4 ~ 5天，室温保持在10 ~ 15℃为宜。

七、采收

　　正常栽培环境下，从播种至采收约需20 ~ 25天，当蒜黄苗长到30 ~ 40cm时即可收割食用。第一次收割后及时喷水保湿，同时进行保温管理，一般15 ~ 20天后可再次收割。

其他类蔬菜栽培技术

第九章

第一节　樱桃萝卜

一、概述

　　樱桃萝卜是一种小型萝卜，是从日本引进的一种新型蔬菜。樱桃萝卜主根深15～25cm，肉质根呈圆形或椭圆形，颜色有红、白和上红下白3种，肉色多白色，单根重十几克至几十克。叶片形状有花叶和板叶之分。叶色呈浅绿色或深绿色。花色有紫色、白色。果实为角果，成熟时不开裂，种子呈扁圆形。

二、对环境条件的要求

　　樱桃萝卜具有较强的抗寒性，但不耐热。樱桃萝卜生长的适宜温度为5～20℃，种子发芽的适宜温度为10～20℃，当环境温度超过25℃时，则表现出生长不良。对光照要求不严格，但在叶丛生长期和肉质根生长期需充足的光照。

三、适合栽培地点

阳台、天台、窗台及庭院空地，注意应选阳光充足的阳面。

四、栽培容器及基质

各种花盆、塑料箱、栽培槽均可，大小、容积不限，深度以
20 ~ 25cm为宜（图9-1）。可采用蛭石与珍珠岩以1∶1，珍珠岩与
草炭以1∶1，珍珠岩、蛭石、草炭以1∶2∶2比例混合的基质种植。

图9-1　樱桃萝卜栽培槽无土栽培

五、种植时间及方式

樱桃萝卜适应性强，生育期短，一年四季皆可种植，一般以春、
秋季种植最佳。种子既可预先浸种催芽，也可直播。种子均匀撒于栽
培容器中的基质上，覆盖基质厚度约0.5 ~ 1cm，用细孔喷壶浇透水，
出苗之前保持基质湿润，2 ~ 3天即可出苗。当子叶展开时就应进行
第一次间苗，留下子叶正常、生长健壮的苗，其余的间掉；当真叶长
到3 ~ 4片之前进行定苗。定苗时的株距应掌握在4 ~ 5cm。

六、栽培管理要点

定苗后浇营养液，用喷壶浇水，要见到渗出液为止。平时浇液与浇水相结合，每周浇2～3次营养液、浇水1～2次，晴天多浇，阴雨天少浇水或者不浇，防止盐分积累，浇水和浇液量以见到渗出液为准。樱桃萝卜喜光，光照不足导致叶柄变长，叶色淡，下部的叶片黄化脱落，长势弱，肉质根不易膨大。樱桃萝卜在生长期间要特别注意保持基质湿润，晴热夏天应每天浇水，并注意浇水要均衡，不可过干或过湿。若水分不足，会使其肉质根的须根增加，导致出现外皮粗糙、味辣、空心等现象。樱桃萝卜在高温干旱的气候条件下，植株生长衰弱，易发生菜青虫、蚜虫等，可人工捉除。

七、采收及食用方法

樱桃萝卜从播种到收获一般需30天左右，但不同的栽培季节和栽培方式收获的具体时间亦不同。要做到适时收获，当肉质根美观鲜艳、直径达到2cm时即可采收。采收时间不宜过早或过迟，如果过早会影响产量；过迟则纤维量增多，易产生裂根、空心，影响产品质量。樱桃萝卜品质细嫩、清爽可口，肉瓤为白色，质地脆，有较高的营养价值。可生食、凉拌，还可配菜、炒食和腌渍。

第二节　芥蓝

一、概述

芥蓝又名芥兰、白花芥兰。原产于我国南方，是我国的特产蔬菜之一。主要分布于广东、广西、福建及台湾等地。十字花科芸薹属，一二年生草本植物。一般株高40～50cm。根系浅，有主根和须根，主根不发达。茎短缩，绿色。基叶互生，叶卵圆、椭圆或近圆形，色浓绿，叶面光滑或皱缩，有白色蜡粉，叶柄长，青绿色。花白色或黄色。种子近圆形，褐色至黑褐色。

二、对环境条件的要求

芥蓝喜温暖湿润气候，对温度适应范围较宽，气温在10～30℃范围内都能生长。发芽、幼苗期适温25～30℃，20℃以下生长缓慢。叶丛生长和菜薹形成适宜温度为15～25℃，昼夜温差大有利于其生长发育。喜光，光照不足生长受抑制。

三、适合栽培地点

家庭可在庭院空地、阳台、窗台及楼顶天台等处栽培。

四、栽培设备及基质

家庭栽培可用花盆、木箱、砖槽等容器，容器深度以20～25cm为宜。可采用蛭石与珍珠岩以2：1比例混合的基质种植（图9-2）。

图9-2　芥蓝基质栽培

五、种植时间及方式

如果品种选择合适，芥蓝一年四季都可栽培，但夏季高温时生长发育不良，北方冬季多不宜栽培，故最适合的栽培季节为春、秋两季。可直播也可育苗移栽。秋播以8月上中旬播种为宜。播种前将基质混匀装入栽培容器，表面整平，将种子均匀撒在基质上，然后种子上覆一薄层基质，用细孔喷壶浇透水，注意保温保湿，一般2～3天即可出苗。出苗后及时间苗，保持适当的行株距，如果移栽则在苗长到3～4片真叶时进行，移栽苗后注意保湿、遮阴，以利缓苗。定株后的苗行株距为15cm×10cm为宜。

六、栽培管理要点

定苗后浇营养液，用喷壶浇水，要见到渗出液为止。平时浇营养液与浇水相结合，每周浇2～3次营养液、浇水1～2次，晴天多浇，阴雨天少浇水或者不浇，防止盐分积累，浇水和浇液量以见到渗出液为准。芥蓝家庭栽培宜放置在阳光充足的地方，如光照不足则植株会徒长而细长瘦弱，花薹小。但夏季强光高温时应适当遮阴，否则其生长发育会受影响。整个生长期间保证充足的水分供应，水分充足才能保证花薹、叶片鲜绿脆嫩，品质优良，如发现植株叶片较小、蜡粉有堆积现象时，说明水分不足，应增加浇水次数和浇水量。但亦不可积水，如遇雨天盆内积水要及时排水。干旱和渍水都对芥蓝生长不利。芥蓝有菜青虫等危害，可每天注意观察，发现后及时捉除，不提倡打农药。

七、采收及食用方法

早中熟品种从播种至主薹始收需60～80天，晚熟品种则需80～100天。芥蓝采收一般是"齐口花"，即菜薹达到初花并与基叶等高时适宜，在保留基部有2～3片鲜叶的节上采收。主薹采收后，基叶腋芽又抽生侧薹，侧薹现齐花蕾再采；采收时留1～2片叶，还可以形成次生侧薹，这样可陆续采收直至植株衰老为止，但以后各侧薹产量会逐渐下降。芥蓝以其肥嫩的花薹及嫩叶供食用，其营养丰富，肉质柔软脆嫩，味清甜，炒食或凉拌，可做汤，也可作配菜。

第三节 折耳根

一、概述

折耳根又名蕺菜、鱼腥草、摘儿菜、侧耳根、折儿根等，属三白草科蕺草属多年生草本植物（图9–3）。折耳根植株为半匍匐状，茎上部直立、下部匍匐地面，株高15～60cm，有时略带紫色，有腥气味，茎具有明显的节，下部伏地节上生须根，通常无毛；地下根茎细长，匍匐蔓延繁殖，白色、横截面圆形、节间长3～4.5cm，每节能生根亦能发芽；单叶互生，心脏形、圆形，常见绿色，偶有紫色；穗状花序，白色或淡绿色，花期5～6月份；蒴果卵圆形，果期9～10月份。折耳根有特异气味，其营养价值较高；含有蛋白质、脂肪和丰富的碳水化合物，同时含有甲基正壬酮、羊脂酸和月桂油烯等。折耳根具有很好的食用价值和药用价值，能抗辐射和增强机体免疫功能。

图9-3 折耳根基质栽培

二、对环境条件的要求

折耳根喜温暖湿润的气候，对温度适应范围广。地下茎在-10 ~ 0℃下均可正常越冬。在12℃时地上茎生长且出苗，生长前期适温为16 ~ 20℃，地下茎成熟期适温为20 ~ 25℃。其在阴湿条件下生长良好，要求基质潮湿、相对含水量为75% ~ 80%，空气相对湿度在50% ~ 80%才能正常生长。对光照要求不严，弱光条件下也能正常生长发育。

三、适合栽培地点

家庭可在庭院空地、阳台、窗台及楼顶天台等处栽培。

四、栽培设备及基质

家庭栽培可用花盆、木箱、塑料泡沫箱、水培种植槽等容器，折耳根根系较长，容器深度以30 ~ 60cm为宜。可采用蛭石与珍珠岩以2 : 1比例混合的基质种植，也可采用营养液种植。

五、种植时间及方式

折耳根一年四季均可种植。其种子收集困难，且发芽率低，可采用分根繁殖方式，选择新鲜、粗壮、无病虫害、成熟的茎作种茎。将选好的种茎从节间剪断，每段4 ~ 6cm且保留2 ~ 3个节，将剪好的折耳根种茎均匀地撒播在花盆、木箱、塑料泡沫箱等容器内，再覆基质6 ~ 7cm厚，适量浇水。春夏季种植15 ~ 20天即可萌芽，冬季种植要到第二年春天才会萌芽。

六、栽培管理要点

折耳根出苗后，在幼苗3～4叶时，浇一次营养液。折耳根喜钾肥，营养液中氮、磷、钾肥的比例为1：1：5。在茎叶生长盛期，可再浇一次营养液，以提高折耳根的香味和品质。折耳根栽培过程中应注意及时摘除花蕾，保证根系营养充足。如发现折耳根地上部茎叶变黄、茎叶细小时，可适当浇营养液，促进发棵。

折耳根喜温、喜水、喜肥，整个生育期都需要湿润环境，高温干旱季节尤其要保证土壤水分充足。危害折耳根的害虫主要是蛴螬和黄蚂蚁等地下害虫，危害较小，一般不作防治。

七、采收及食用方法

折耳根全身是宝，可周年食用。折耳根地上部分主要是嫩叶、芽，采收时间主要是在春、夏季；地下部主要是根茎，采收时间主要在秋、冬季。折耳根在四川、重庆、贵州、广西等地是一种地道美味野菜，通常是做凉拌菜，也用于炖肉、煮粥、作汤或作馅食用等。在夏季，折耳根经榨汁或浸提处理后制成折耳根饮品，具有清热解暑、减肥等功效。折耳根全株可入药，具有抗菌、抗病毒、利尿消肿、镇痛止血等功效，因而深受广大消费者喜爱。

附录一 无土栽培常用营养液配方

附表1-1 克里格营养液配方

无机盐类		用量/（mg/L）
硝酸钾	KNO₃	542
硝酸钙	Ca(NO₃)₂	96
过磷酸钙	Ca(H₂PO₄)₂+CaSO₄	135
硫酸镁	MgSO₄·7H₂O	135
硫酸	H₂SO₄	73
硫酸铁	Fe₂(SO₄)₃·nH₂O	14
硫酸锰	MnSO₄·4H₂O	2
硼砂	Na₂B₄O₇	1.7
硫酸锌	ZnSO₄·7H₂O	0.8
硫酸铜	CuSO₄·5H₂O	0.8

附表1-2 斯泰纳营养液配方

无机盐类		用量/（mg/L）	
		蒸馏水	井水
磷酸二氢钾	KH₂PO₄	135	134
硫酸钾	K₂SO₄	251	154
硫酸镁	MgSO₄·7H₂O	497	473
硝酸钙	Ca(NO₃)₂·4H₂O	1059	882
硝酸钾	KNO₃	292	444
氢氧化钾	KOH	22.9	—
硫酸	H₂SO₄（5mol/L）	—	125mL

无机盐类		用量/（mg/L）	
		蒸馏水	井水
EDTA铁钾钠	FeNaK-EDTA（5mgFe/mL）	400mL	400mL
硫酸锰	$MnSO_4 \cdot 4H_2O$	2.0	2.0
硼酸	H_3BO_3	2.7	2.7
硫酸锌	$ZnSO_4 \cdot 7H_2O$	0.5	0.5
硫酸铜	$CuSO_4 \cdot 5H_2O$	0.08	0.08
钼酸钠	$Na_2MoO_4 \cdot 2H_2O$	0.13	0.13

附表1-3 潘宁斯菲德营养液配方

无机盐类		用量/（mg/L）
磷酸二氢钾	KH_2PO_4	120.43
硝酸钾	KNO_3	107.44
硝酸钙	$Ca(NO_3)_2 \cdot 4H_2O$	523.01
硝酸铵	NH_4NO_3	135.16
硫酸镁	$MgSO_4 \cdot 7H_2O$	113.96
铁螯合物	—	2.2727
硫酸铜	$CuSO_4 \cdot 5H_2O$	0.3927
氯化钠	NaCl	0.3297
硫酸锰	$MnSO_4 \cdot 4H_2O$	0.3397
硼酸	H_3BO_3	0.2857
钼酸钠	$Na_2MoO_4 \cdot 2H_2O$	0.2522
硫酸锌	$ZnSO_4 \cdot 7H_2O$	0.4397

附表1-4 日本园试配方

无机盐类		用量/（mg/L）
硝酸钙	$Ca(NO_3)_2 \cdot 4H_2O$	950
硝酸钾	KNO_3	810
磷酸二氢钾	KH_2PO_4	155
硫酸镁	$MgSO_4 \cdot 7H_2O$	500
螯合铁	Fe-EDTA	25
硫酸锰	$MnSO_4 \cdot 4H_2O$	2
硼酸	H_3BO_3	3
硫酸锌	$ZnSO_4 \cdot 7H_2O$	0.22
硫酸铜	$CuSO_4 \cdot 5H_2O$	0.05
钼酸铵	$(NH_4)_2MoO_4$	0.02

附表1-5 山崎营养液配方

单位：mg/L

无机盐类			甜瓜	黄瓜	番茄	甜椒	茄子	草莓	莴苣	茼蒿	鸭儿芹
大量元素	硝酸钙	$Ca(NO_3)_2 \cdot 4H_2O$	826	826	354	354	354	236	236	472	236
	硝酸钾	KNO_3	606	606	404	606	707	303	404	808	707
	磷酸二氢铵	$NH_4H_2PO_4$	152	152	76	95	114	57	57	152	190
	硫酸镁	$MgSO_4 \cdot 7H_2O$	369	492	246	185	246	123	123	492	246
微量元素	螯合铁	Fe-EDTA	16	16	16	16	16	16	16	16	16
	硼酸	H_3BO_3	1.2	1.2	1.2	1.2	1.2	1.2	1.2	1.2	1.2
	氯化锰	$MnCl_2 \cdot 4H_2O$	0.72	0.72	0.72	0.72	0.72	0.72	0.72	0.72	0.72
	硫酸锌	$ZnSO_4 \cdot 7H_2O$	0.09	0.09	0.09	0.09	0.09	0.09	0.09	0.09	0.09
	硫酸铜	$CuSO_4 \cdot 5H_2O$	0.04	0.04	0.04	0.04	0.04	0.04	0.04	0.04	0.04
	钼酸铵	$(NH_4)_2MoO_4$	0.01	0.01	0.01	0.01	0.01	0.01	0.01	0.01	0.01

注：微量元素各种作物通用。若用井水时只加铁、硼、锰；若用雨水或蒸馏水时，还应加入锌、铜、钼。

附表 1-6　法国国家农业研究所普及 NFT 之用（1977）（通用于好酸性作物）

无机盐类		用量/（mg/L）
硝酸钙	$Ca(NO_3)_2 \cdot 4H_2O$	614
硝酸钾	KNO_3	233
硝酸铵	NH_4NO_3	240
磷酸二氢钾	KH_2PO_4	136
磷酸氢二钾	K_2HPO_4	17
硫酸钾	K_2SO_4	22
硫酸镁	$MgSO_4 \cdot 7H_2O$	154
氯化钠	$NaCl$	12

附表 1-7　荷兰温室作物研究所（岩棉滴灌用）

无机盐类		用量/（mg/L）
硝酸钙	$Ca(NO_3)_2 \cdot 4H_2O$	886
硝酸钾	KNO_3	303
磷酸二氢钾	KH_2PO_4	204
磷酸二氢铵	$NH_4H_2PO_4$	33
硫酸钾	K_2SO_4	218
硫酸镁	$MgSO_4 \cdot 7H_2O$	247

附表 1-8　华南农业大学农化室（1990）（果菜，pH=6.4 ~ 7.8）

无机盐类		用量/（mg/L）
硝酸钙	$Ca(NO_3)_2 \cdot 4H_2O$	472
硝酸钾	KNO_3	404
磷酸二氢钾	KH_2PO_4	204
硫酸镁	$MgSO_4 \cdot 7H_2O$	246

附表1-9　华南农业大学农化室（1990）（叶菜，pH=6.4～7.2）

无机盐类		用量/（mg/L）
硝酸钙	$Ca(NO_3)_2 \cdot 4H_2O$	472
硝酸钾	KNO_3	267
硝酸铵	NH_4NO_3	53
磷酸二氢钾	KH_2PO_4	100
硫酸钾	K_2SO_4	116
硫酸镁	$MgSO_4 \cdot 7H_2O$	246

附表1-10　各类蔬菜对pH值的适应范围

pH=6～6.8	pH=5.5～6.8	pH=5～6.8
洋葱	芥菜类	马铃薯
韭菜	萝卜（6.5）、胡萝卜	西瓜
菠菜	番茄（6.0）	芋头
芹菜	茄子（6.5）	金针菜
大白菜	甜椒	
莴苣	黄瓜（6.5）	
甜瓜（6.8）	南瓜	
茼蒿	花菜、甘蓝（6.5）	
毛豆	菜豆、豇豆	
石刁柏	大葱	
	大蒜（6.5）	

附录二 部分蔬菜无土栽培营养液配方

附表2-1 黄瓜营养液配方

肥料名称	肥料用量/（g/L）	肥料名称	肥料用量/（g/L）
硝酸钙	0.9	螯合铁	10
硫酸镁	0.25	硫酸锰	1.07
磷酸二氢钾	0.2	硼酸	3.4
硝酸钾	0.35	硫酸锌	0.27
碳酸钾	0.12	硫酸铜	0.12

附表2-2 番茄营养液配方（荷兰温室园艺研究所）

肥料名称	肥料用量/（g/L）
硫酸镁	0.466
硫酸钾	0.393
硝酸铵	0.042
硝酸钙	1.226
磷酸二氢钾	0.208

附表2-3 辣（甜）椒营养液配方（大量元素）

肥料名称	肥料用量/（g/L）
硝酸钙	0.354
硝酸钾	0.607
磷酸二氢铵	0.096
硫酸镁	0.185

附表2-4 绿叶蔬菜通用配方（大量元素）

肥料名称	肥料用量/（g/L）
硫酸铵	0.237
硫酸镁	0.537
硝酸钙	1.260
硫酸钾	0.250
磷酸二氢钙	0.350

附表2-5 生菜营养液配方

肥料名称	肥料用量/（g/L）	肥料名称	肥料用量/（g/L）
硝酸钙	1.20	螯合铁	3.00
硫酸镁	0.366	硫酸锰	5.00
磷酸二氢钾	0.207	硼酸	4.10
硝酸钾	0.799	硫酸锌	1.00
钼酸铵	0.900	硫酸铜	0.90

附表2-6 茼蒿营养液配方（大量元素）

肥料名称	肥料用量/（g/L）
硝酸钙	0.472
硫酸镁	0.493
磷酸二氢铵	0.153
硝酸钾	0.890

附表2-7 芹菜(香芹、西芹)营养液配方(大量元素)

肥料名称	肥料用量/(g/L)
硫酸钙	0.337
硫酸镁	0.752
磷酸二氢钙	0.294
硝酸钠	0.644
硫酸钾	0.500
磷酸二氢钾	0.175
氯化钠	0.156

附表2-8 菠菜营养液配方(大量元素)

肥料名称	肥料用量/(g/L)
硫酸铵	0.379
硫酸镁	0.537
硝酸钙	1.866
硫酸钾	0.150
磷酸二氢钾	0.175

附表2-9 茄子营养液配方

肥料名称	肥料用量/(g/L)
硝酸钙	0.354
硫酸钾	0.708
磷酸二氢铵	0.115
硫酸镁	0.246

附表2-10　微量元素用量

肥料名称	肥料用量/（mg/L）	肥料名称	肥料用量/（mg/L）
$Na_2Fe\text{-}EDTA$	4～20	硫酸锰	2.13
硫酸亚铁	15	硫酸铜	0.05
硼酸	2.86	硫酸锌	0.22
硼砂	4.5	硫酸铵（可不加）	0.02

注：各配方可以通用，铁、硼化合物选其中一种即可。

参考文献

［1］张文庆. 家庭蔬菜无土栽培500问［M］. 北京：中国农业出版社，2003.

［2］王久兴，王子华. 现代蔬菜无土栽培［M］. 北京：科学技术文献出版社，2005.

［3］王久兴. 蔬菜无土栽培实用技术［M］. 北京：中国农业大学出版社，2000.

［4］胡永军. 身边的瓜果蔬菜［M］. 北京：化学工业出版社，2010.

［5］谢小玉，邹志荣，江雪飞，等. 中国蔬菜无土栽培基质研究进展［J］. 中国农学通报，
2005，21（6）：280-283.

［6］汪兴汉，汤国辉. 无土栽培蔬菜生产技术问答［M］. 北京：中国农业出版社，1999.

［7］邢禹贤. 新编无土栽培原理与技术［M］. 北京：中国农业出版社，2002.

［8］蒋卫杰. 蔬菜无土栽培新技术［M］. 修订版. 北京：金盾出版社，2007.

［9］王瑜. 庭院蔬菜无土栽培［M］. 北京：海洋出版社，2000.

［10］朱双英，侯志玉，陈创国. 屋顶蔬菜无土栽培及其技术要点［J］. 现代园艺，2009，
（5）：68-69.

［11］刘伟，余宏军，蒋卫杰. 我国蔬菜无土栽培基质研究与应用进展［J］. 中国生态农业
学报，2006，14（3）：4-7.

［12］朱世东，徐文娟. 多功能营养型蔬菜无土栽培基质的特征研究［J］. 应用生态学报，
2002，13（4）：425-428.

［13］王洪久，曲存英. 蔬菜病虫害原色图谱［M］. 2版. 济南：山东科学技术出版社，
2002.

［14］张宝棣. 蔬菜病虫害原色图谱：瓜类、薯芋类［M］. 广州：广东科技出版社，2002.

［15］张宝棣. 蔬菜病虫害原色图谱：十字花科、绿叶类蔬菜［M］. 广州：广东科技出版
社，2002.

［16］苏家烈. 看图诊治蔬菜病虫害［M］. 成都：四川科学技术出版社，2003.

［17］温庆放. 叶菜类蔬菜病虫害诊治图谱［M］. 福州：福建科学技术出版社，2002.

［18］郭书普. 叶类蔬菜病虫害防治原色图鉴［M］. 合肥：安徽科学技术出版社，2004.

［19］王久兴. 蔬菜病虫害诊治原色图谱：绿叶菜类分册［M］. 北京：科学技术文献出版
社，2004.

［20］高文琦，郁樊敏. 蔬菜病虫草害识别与防治彩色图解［M］. 北京：中国农业出版社，

2003.

[21] 雷雨，李树和，杨建忠，等. 我国家庭立体菜园的发展前景与趋势 [J]. 天津农业科学，2016，22（9）：147-150.

[22] 陈娜，陈立平，李斌，等. 阳台农业立体栽培自动控制系统设计与实现 [J]. 农机化研究，2014，（1）：127-131.